SketchUp
建筑设计实例教程

※ 21世纪高等院校数字艺术类规划教材

马亮　主编

王芬　副主编

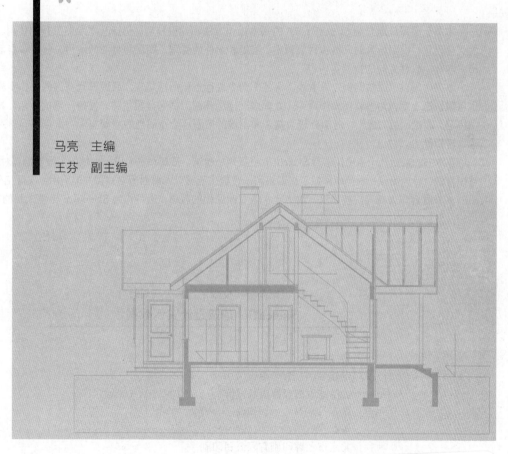

人民邮电出版社

北京

图书在版编目（CIP）数据

SketchUp建筑设计实例教程 / 马亮主编. -- 北京：
人民邮电出版社，2012.11（2023.1重印）
21世纪高等院校数字艺术类规划教材
ISBN 978-7-115-28965-0

Ⅰ. ①S… Ⅱ. ①马… Ⅲ. ①建筑设计－计算机辅助
设计－应用软件－高等学校－教材 Ⅳ. ①TU201.4

中国版本图书馆CIP数据核字(2012)第210804号

内 容 提 要

本书全面系统地介绍 SketchUp 8.0 的基本操作方法和建模技巧，包括基本绘图工具的使用、软件界面的优化设置、模型场景的风格和材质调整、群组和组件的管理、图层和页面的运用、使用沙盒工具创建地形、与其他软件之间的衔接等内容。

本书内容以"课堂案例"为主线，将各个命令进行组织衔接起来。通过课堂案例的操作步骤讲解，学生可以快速上手，熟悉软件操作命令，并养成严谨的作图习惯和建模思路。在每一章的最后，设置了"课堂练习"和"课后习题"，对部分较为复杂和困难的习题，给予适当的步骤提示，重点培养学生对软件的独立运用能力。

在本书的最后几个章节，结合 SketchUp 在规划、建筑、景观和室内设计领域的工程实例，对运用思路、建模方法、后期图像处理等步骤做了详细讲解，使学生能够巩固前面所学知识并能应用到实际工作之中。

本书适合作为高等院校建筑、数字艺术等专业课程的教材，也可作为 SketchUp 自学人员的参考用书。

21世纪高等院校数字艺术类规划教材
SketchUp 建筑设计实例教程

◆ 主　　编　马　亮

　　副主编　王　芬

　　责任编辑　李海涛

◆ 人民邮电出版社出版发行　　　北京市丰台区成寿寺路 11 号
　　邮编　100164　电子邮件　315@ptpress.com.cn
　　网址　http://www.ptpress.com.cn
　　北京市艺辉印刷有限公司印刷

◆ 开本：787×1092　1/16　　　　插页：3
　　印张：21.25　　　　　　　　2012年11月第1版
　　字数：541千字　　　　　　　2023年1月北京第14次印刷

ISBN 978-7-115-28965-0

定价：48.00 元（附光盘）

读者服务热线：(010)81055256　印装质量热线：(010)81055316
反盗版热线：(010)81055315

前言

SketchUp 是一款极受欢迎并且易于使用的 3D 设计软件，深受建筑设计师、规划设计师、室内设计师、机械产品设计师等专业人士的喜爱。目前，全球很多 AEC 企业几乎都采用 SketchUp 来进行创作，国内相关行业近年来也开始迅速流行，很多高等院校的建筑、数字艺术等专业，也逐渐将 SketchUp 当做了一门很重要的专业课程。为了帮助高等院校的教师能系统全面地讲授这门课程，学生们能熟练操作该款软件进行专业设计，特编著本书。

本书的编写思路可以概括为"课堂案例+软件功能解析+课堂练习+课后练习+工程实例应用"，增加学生在软件学习过程中的动手训练时间，培养良好的作图思维和作图习惯，以工程实例运用为目标，拓展学生对软件的实际操作和运用能力。在内容编写和文字叙述方面，力求言简意赅，并结合众多"技巧与提示"，使内容细致全面，重点突出。

本书配套光盘内容丰富，包括视频教程和所有案例的素材及效果文件。本书的参考学时为 88 学时，其中实训环节为 56 学时，各章的参考学时参见下表。

学时分配表

章　节	课程内容	学时分配	
		讲授	实训
第 1 章	初识 SketchUp	1	1
第 2 章	SketchUp8.0 的工作界面及优化设置	2	2
第 3 章	SketchUp 模型场景的查看	2	1
第 4 章	模型场景的风格样式	2	1
第 5 章	基本图形的绘制	4	4
第 6 章	基本编辑工具	4	6
第 7 章	群组、组件与图层管理	2	2
第 8 章	材质与贴图	2	4
第 9 章	页面与动画	2	2
第 10 章	剖切平面	1	1
第 11 章	沙盒工具	1	3
第 12 章	文件的导入与导出	1	1
第 13 章	概念规划——某住宅小区规划	2	8
第 14 章	综合案例——别墅庭院园林景观设计	2	6
第 15 章	建模实例——欧式小高层住宅	2	8
第 16 章	室内建模实例——现代简约卧室	2	6
课时总计		32	56

本书由马亮任主编，王芬任副主编，在编写本书的过程中还得到了韩高峰、谢衍忆、梁志明、王立新、许五军等诸位领导和同事的指导，得到了边海、我们的家人和 SketchUpBBS 论坛中诸位朋友的帮助。SketchUpBBS 论坛综合介绍了国内外 SketchUp 科研及学术理论，尤其引进了大量国外最前沿科技资讯，云集了大量精英设计师，是国内首家直接发布 SketchUp 视频教程和项目实际运用的交流版面。在这里，诸位论坛网友的交流和支持给了我们很大的鼓励，在此特别致以衷心的感谢！由于时间仓促、水平有限，书中难免存在错误和不妥之处，敬请广大读者批评指正。

编者

2012 年 6 月

目录

1

第 1 章

初识 SketchUp

【本章导读】

在本章中，我们先来大致了解一下 SketchUp 的发展及其在各行业的应用情况，同时了解 SketchUp 相对于其他软件的优势特点，并学会安装与卸载 SketchUp 软件的方法。

【要点索引】

- 了解 SketchUp 软件的发展及应用
- 了解 SketchUp 软件的优势特点
- 掌握安装及卸载 SketchUp 软件的方法
- 了解软件运行加速的注意事项

SketchUp 的诞生和发展

　　SketchUp 是一款极受欢迎并且易于使用的 3D 设计软件,官方网站将它比喻为电子设计中的"铅笔"。其开发公司@Last Software 公司成立于 2000 年,规模虽小,但却以 SketchUp 而闻名。为了增强 Google Earth 的功能,让使用者可以利用 SketchUp 创建 3D 模型并放入 Google Earth 中,使得 Google Earth 所呈现的地图更具立体感、更接近真实世界,Google 于 2006 年 3 月宣布收购 3D 绘图软件 SketchUp 及其开发公司@Last Software,后于 2012 年 4 月被整体出售给 Trimble(天宝)公司,使用者可以通过一个名叫 Trimble 3D 模型库的网站(http://sketchup.google.com/3dwarehouse/)寻找与分享各式各样利用 SketchUp 创建的模型,如图 1-1 所示。

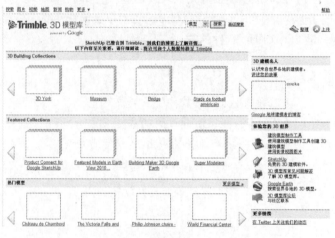

图 1-1

1.2 SketchUp 的应用领域

　　SketchUp 是一款面向设计师、注重设计创作过程的软件,其操作简便、即时显现等优点使它灵性十足,给设计师提供一个在灵感和现实间自由转换的空间,让设计师在设计过程中享受方案创作的乐趣。SketchUp 的种种优点使其很快风靡全球,全球很多 AEC(建筑工程)企业和大学几乎都采用 SketchUp 来进行创作,国内相关行业近年来也开始迅速流行,受惠人员不仅包括建筑和规划设计人员,还包含装潢设计师和户型设计师、机械产品设计师等。

1.2.1 在城市规划设计中的应用

　　SketchUp 在规划行业以其直观便捷的优点深受规划师的喜爱,不管是宏观的城市空间形态,还是较小、较详细的规划设计,SketchUp 辅助建模及分析功能都大大解放了设计师的思维,提高了规划编制的科学性与合理性。目前,SketchUp 被广泛应用于控制性详细规划、城市设计、修建性详细设计以及概念性规划等不同规划类型项目中。图 1-2 所示为结合 SketchUp 构建的几个规划场景。

图 1-2

1.2.2 在建筑方案设计中的应用

SketchUp 在建筑方案设计中应用较为广泛，从前期现状场地的构建，到建筑大概形体的确定，再到建筑造型及立面设计，SketchUp 都以其直观快捷的优点渐渐取代其他三维建模软件，成为建筑师在方案设计阶段的首选软件。图 1-3 所示为结合 SketchUp 构建的几个建筑方案场景。

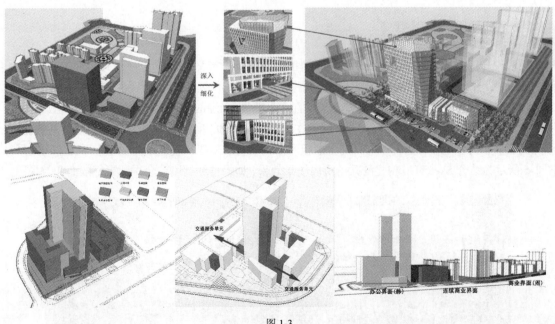

图 1-3

1.2.3　在园林景观设计中的应用

　　由于 SketchUp 操作灵巧，在构建地形高差等方面可以生成直观的效果，而且拥有丰富的景观素材库和强大的贴图材质功能，并且 SketchUp 图纸的风格非常适合景观设计表现，所以当今应用 SketchUp 进行景观设计已经非常普遍。图 1-4 所示为结合 SketchUp 创建的几个简单的园林景观模型场景。

图 1-4

1.2.4　在室内设计中的应用

　　室内设计的宗旨是创造满足人们物质和精神生活需要的室内环境，包括视觉环境和工程技术方面的问题，设计的整体风格和细节装饰在很大程度上受业主的喜好和性格特征的影响，但是传统的 2D 室内设计表现让很多业主无法理解设计师的设计理念，而 3ds Max 等类似的三维室内效果图又不能灵活地对设计进行改动。SketchUp 能够在已知的房型图基础上快速建立三维模型，并快捷地添加门窗、家具、电器等组件，并且附上地板和墙面的材质贴图，直观地向业主显示出室内效果。图 1-5 所示为结合 SketchUp 构建的几个室内场景效果，如果再经过渲染会得到更好的商业效果图。

图 1-5

1.2.5 在工业设计中的应用

SketchUp 在工业设计中的应用也越来越普遍，如机械产品设计、橱窗或展馆的展示设计等，如图 1-6 所示。

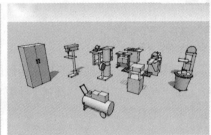

图 1-6

1.2.6 在游戏动漫中的应用

越来越多的用户将 SketchUp 运用在游戏动漫中，如图 1-7 所示为结合 SketchUp 构建的几个动漫游戏场景效果。

图 1-7

SketchUp 的功能特点

1.3.1 界面简洁、易学易用

SketchUp 的界面直观简洁，避免了其他相似设计软件的复杂操作缺陷，其绘图工具只有 6 个，分为 3 线 3 面，即"直线"工具、"圆弧"工具、"徒手画笔"工具、"矩形"工具、"圆"工具和"多边形"工具。

1.3.2 建模方法独特

SketchUp "画线成面，推拉成型"的操作流程极为便捷，在 SketchUp 中无须频繁地切换用户坐标系，有了智能绘图辅助工具（如平行、垂直、量角器等），可以直接在 3D 界面中轻松而精确地绘制出二维图形，然后再拉伸成三维模型。另外，用户还可以通过数值框手动输入数值进行建模，保证模型的精确尺度。

SketchUp 拥有强大的耦合功能和分割功能，耦合功能有自动愈合特性。例如，在 SketchUp 中，最常用的绘图工具是直线和矩形工具，使用矩形工具可以组合复杂形体，两个矩形可以组合 L 形平面、3 个矩形可以组合 H 形平面等。对矩形进行组合后，只要删除重合线，就可以完成较复杂的平面制作，而在删除重合线后，原被分割的平面、线段可以自动组合为一体，这就是耦合功能。至于分割功能则更简单，只需在已建立的三维模型某一面上画一条直线，就可以将体块分割成两部分，尽情表现创意和设计思维。

1.3.3 直接面向设计过程

1. 快捷直观、即时显现

SketchUp 提供了强大的实时显现工具，如基于视图操作的照相机工具，能够从不同角度、不同显示比例浏览建筑形体和空间效果，并且这种实时处理完毕后的画面与最后渲染输出的图片完全一致，所见即所得，不用花费大量时间来等待渲染效果，如图 1-8 所示。

图 1-8

2．表现风格多种多样

SketchUp 有多种模型显示模式，如线框模式、消隐线模式、着色模式、*x* 光透视模式等，这些模式是根据辅助设计侧重点不同而设置的。表现风格也是多种多样，如水粉、马克笔、钢笔、油画风格等。图 1-9 所示为消隐线模式和 X 光透视模式的效果图。

图 1-9

3．不同属性的页面切换

SketchUp 提出了"页面"的概念，页面的形式类似一般软件界面中常用的页框。通过页框标签的选取，能在同一视图窗口中方便地进行多个页面视图的比较，方便对设计对象的多角度对比、分析、评价。页面的性质就像滤镜一样，可以显示或隐藏特定的设置。如果以特定的属性设置储存页面，当此页面被激活时，SketchUp 会应用此设置；页面部分属性如果未储存，则会使用既有的设置。这样能让设计师快速地指定视点、渲染效果、阴影效果等多种设置组合。这种页面的使用特点不但有利于设计过程，更有利于成果展示，加强与客户的沟通。图 1-10 所示为在 SketchUp 中从不同页面角度观看某一建筑方案的效果。

图 1-10

4．低成本的动画制作

SketchUp 回避了"关键帧"的概念，用户只需设定页面和页面切换时间，便可实现动画自动演示，提供给客户动态信息。另外，利用特定的插件还可以提供虚拟漫游功能，自定义人在建筑空间中的行走路线，给人身临其境的体验，如图 1-11 所示。通过方案的动态演示，客户能够充分理解设计师的设计理念，并对设计方案提出自己的意见，使最终的设计成果更好地满足客户需求。

图 1-11

1.3.4　材质和贴图使用方便

在传统的计算机软件中，材质的表现是一个难点，同时存在色彩调节不自然，材质的修改不能即时显现等问题。而 SketchUp 强大的材质编辑和贴图使用功能解决了这些问题，通过输入 R、G、B 或 H、V、C 的值就可以定位出准确的颜色，通过调节材质编辑器里的相关参数就可以对颜色和材质进行修改。通过贴图的颜色变化，一个贴图能应用为不同颜色的材质，如图 1-12 所示。

图 1-12

另外，在 SketchUp 中还可以直接使用 Google Map 的全景照片来进行模型贴图。必要时还可以到实地拍照采样，将自然中的材料照片作为贴图运用到设计中，帮助设计师更好地搭配色彩和模拟真实质感，如图 1-13 所示。

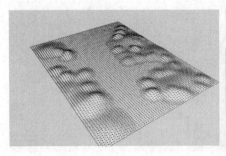

图 1-13

⚠ 技巧与提示：SketchUp 的材质贴图可以实时在视屏上显示效果，所见即所得。也正因为"所见即所得"，所以 SketchUp 资源占用率很高，在建模的时候要适当控制面的数量不要太多。

1.3.5 剖面功能强大

SketchUp 能按设计师的要求方便快捷地生成各种空间分析剖切图，如图 1-14 所示。

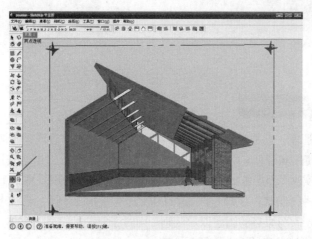

图 1-14

剖面不仅可以表达空间关系，更能直观准确地反映复杂的空间结构，如图 1-15 所示。SketchUp 的剖切面让设计师可以看到模型的内部，并且在模型内部工作，结合页面功能还可以生成剖面动画，动态展示模型内部空间的相互关系，或者规划场景中的生长动画等。另外，还可以把剖面导出为矢量数据格式，用于制作图表、专题图等。

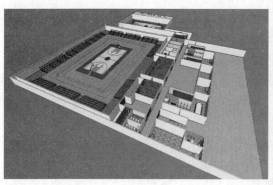
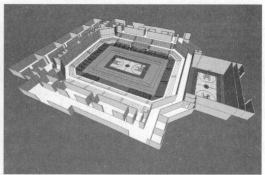

图 1-15

1.3.6 光影分析直观准确

SketchUp 有一套进行日照分析的系统，可设定某一特定城市的经纬度和时间，得到真实的日照效果。投影特性能让人更准确地把握模型的尺度，控制造型和立面的光影效果。另外，还可用于评估一幢建筑的各项日照技术指标，如在居住区设计过程中分析建筑日照间距是否满足规范要求等，如图 1-16 所示。

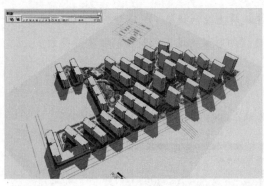

图 1-16

1.3.7 组与组件便于编辑管理

绘图软件的实体管理一般是通过层（Layer）与组（Group）来管理，分别提供横向分级和纵向分项的划分，以便于使用和管理。AutoCAD 提供了完善的层功能，对组的支持只是通过块（Block）或用户自定制实体来实现。而层方式的优势在于协同工作或分类管理，如水暖电气施工图，都是在已有的建筑平面图上进行绘制，为了便于修改打印，其他专业设计师一般在建筑图上添置几个新图层作为自己的专用图层，与原有的图层以示区别。而对于复杂的符号类实体，往往是用块（Block）或定制实体来实现，如门窗家具之类的复合性符号。

SketchUp 抓住了建筑设计师的职业需求，不依赖图层，提供了方便实用的"群组"（Group）功能，并附以"组件"（Component）作为补充。这种分类与现实对象十分贴近，使用者各自设计的组件可以通过组件互相交流、共享，减少了大量的重复劳动，而且大大节约了后续修模的时间。就建筑设计的角度而言，组的分类所见即所得的属性，比图层分类更符合设计师的需求，如图 1-17 所示。

图 1-17

1.3.8 与其他软件数据高度兼容

SketchUp 可以通过数据交换与 AutoCAD、3ds Max 等相关图形处理软件共享数据成果，以弥补 SketchUp 的不足。此外，SketchUp 在导出平面图、立面图和剖面图的同时，建立的模型还可以提供给渲染师用 Piranesi 或 Artlantisl 等专业图像处理软件渲染成写实的效果图，如图 1-18 所示。

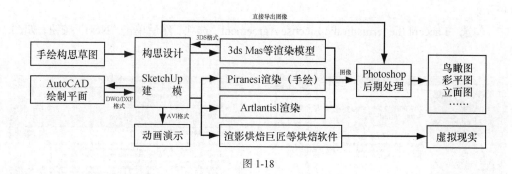

图 1-18

1.3.9 缺点及其解决方法

SketchUp 偏重设计构思过程表现，对于后期严谨的工程制图和仿真效果图表现相对较弱，对于要求较高的效果图，需将其导出图片，利用 Photoshop 等专业图像处理软件进行修补和润色。

SketchUp 在曲线建模方面显得逊色一些。因此，当遇到特殊形态的物体，特别是曲线物体时，宜先在 AutoCAD 中绘制好轮廓线或是剖面，再导入 SketchUp 中作进一步处理。

SketchUp 本身的渲染功能较弱，最好结合其他软件（如 3ds Max、Artlantisl、Piranesi 软件）一起使用，达到较完美的后期表现效果。

1.4 SketchUp 的安装与卸载

在此不提供软件安装包，读者可以到网站下载，如 SU 中文设计论坛（http://www.sketchupbbs.com）等。

1.4.1 课堂案例——安装 SketchUp 8.0

案例学习目标：学习安装 SketchUp 8.0 的方法。

案例知识要点：双击安装包.exe 文件。

（1）将 SketchUp 8.0 安装光盘放入光驱，双击"GoogleSketchUpProWEN8.0.exe"文件，运行安装程序并初始化，如图 1-19 所示。

图 1-19

（2）在弹出的"Google SketchUp Pro 8 Setup"窗口中单击"Next"按钮，运行安装程序，如图 1-20 所示。

（3）勾选"I accept the terms in the License Agreement"选项，然后单击"Next"按钮，如图 1-21 所示。

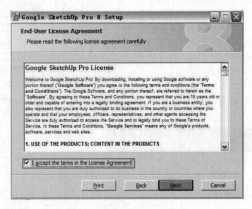

图 1-20　　　　　　　　　　　　　　　　图 1-21

（4）执行下一步操作后，还可以修改安装文件的路径，这里设为 d:\Program Files\Google\Google SketchUp 8\，然后单击"Next"按钮，如图 1-22 所示。

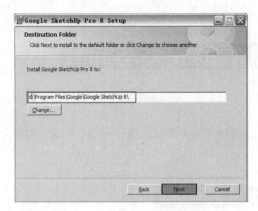

图 1-22

（5）单击"Install"按钮，开始安装软件，如图 1-23 所示。

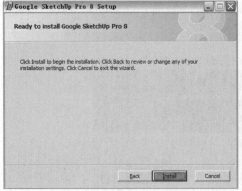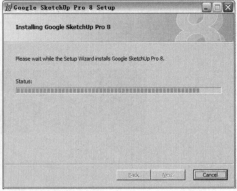

图 1-23

（6）安装完成后单击"Finish"按钮，如图 1-24 所示。

（7）单击汉化文件 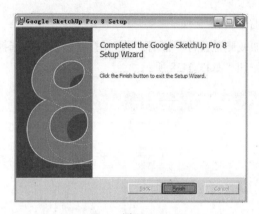，在弹出的安装窗口中单击"下一步"按钮，如图 1-25 所示。

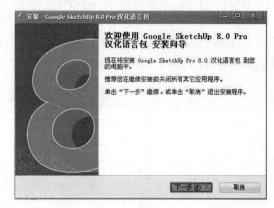

图 1-24 　　　　　　　　　　　　　　　　　　图 1-25

（8）汉化包文件会自动检测出 SketchUp 8.0 所安装的目录文件，接着单击"下一步"按钮，在后面弹出的窗口中单击"安装"按钮，如图 1-26 所示。

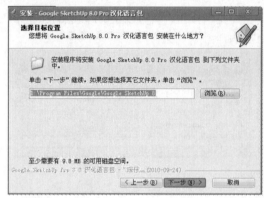
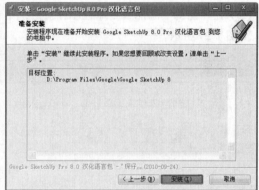

图 1-26

（9）安装完成后单击"完成"按钮，现在我们就可以使用 SketchUp 8.0 的汉化版软件了，如图1-27 所示。

图 1-27

1.4.2 课堂案例——卸载 SketchUp 8.0

案例学习目标：学习卸载 SketchUp 8.0 的方法。

案例知识要点：在 Windows 控制面板中删除程序。

（1）打开 Windows 控制面板，然后双击"添加或删除程序"图标，在打开的窗口中选择"Google SketchUp Pro 8"程序，然后单击"删除"按钮，如图 1-28 所示。

图 1-28

（2）在弹出的"添加或删除程序"对话框中单击"是"按钮，就可以正确卸载 SketchUp 8.0 了，如图 1-29 所示。

图 1-29

1.5 硬件加速设置

1. 硬件加速和 SketchUp

SketchUp 是十分依赖内存、CPU、3D 显示卡和 OpenGL 驱动的三维应用软件，运行 SketchUp 需要 100%兼容的 OpenGL 驱动。安装好 SketchUp 后，系统默认是使用 OpenGL 软件加速。如果计算机配备了 100%兼容 OpenGL 硬件加速的显示卡，那么可以在"系统属性"对话框的 OpenGL 面板中进行设置，以充分发挥硬件加速性能，如图 1-30 所示。

2. 显卡与 OpenGL 的兼容性问题

如果显卡 100%兼容 OpenGL，那么 SketchUp 的工作效率将比软件加速模式要快得多，此时会明显感觉到速度的提升。如果确定显卡 100%兼容 OpenGL 硬件加速，但是 SketchUp 中的选项却不能用，则需要将颜色质量设为 32 位色，因为有些驱动不能很好地支持 16 位色的 3D 加速。

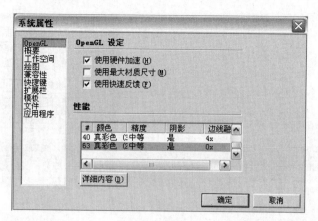

图 1-30

如果不能正常使用一些工具，或者渲染时会出错，那么显卡可能就不是 100%兼容 OpenGL。出现这种情况，最好在"系统属性"对话框的 OpenGL 面板中关闭"使用硬件加速"选项。

技巧与提示：如果在 SketchUp 模型中投影了纹理，并且使用的是 ATI Rage Pro 或 Matrox G400 图形卡，那么纹理可能会显示不正确，禁用"使用硬件加速"功能可以解决这个问题。

3. 性能低下的 OpenGL 驱动的症状

以下症状表明 OpenGL 驱动不能 100%兼容 OpenGL 硬件加速。

（1）开启表面接受投影功能时，有些模型出现条纹或变黑。这通常是由于 OpenGL 软件加速驱动的模板缓存的一个缺陷。

（2）简化版的 OpenGL 驱动会导致 SketchUp 崩溃。有些 3D 显卡驱动只适合玩游戏，因此，OpenGL 驱动就被简化，而 SketchUp 则需要完全兼容的 OpenGL 驱动。有些厂商宣称他们的产品能 100%兼容 OpenGL，但实际不行。如果发现了这种情况，可以在 SketchUp 中将硬件加速功能关闭（默认情况下是关闭的）。

（3）在 16 位色模式下，坐标轴消失，所有的线都可见且变成虚线，出现奇怪的贴图颜色，这种现象主要出现在使用 ATI 显示芯片的便携式电脑上。这一芯片的驱动不能完全支持 OpenGL 加速，可以使用软件加速。

（4）图像翻转。一些显示芯片不支持高质量的大幅图像，可以试着把要导入的图像尺寸改小。

4. 双显示器显示

当前，SketchUp 不支持操作系统运行双显示器，这样会影响 SketchUp 的操作和硬件加速功能。

5. 抗锯齿

一些硬件加速设备（如 3D 加速卡等）可以支持硬件抗锯齿，这能减少图形边缘的锯齿显示。

技巧与提示：——关于提高软件运行速度的一些技巧

以 Windows XP 系统为例。首先单击"窗口→参数设置"命令，打开"系统属性"对话框。在"系统属性"对话框的 OpenGL 面板中勾选"使用硬件加速"选项，如图 1-31 所示。

其次，尽量隐藏边线，也就是在"风格"编辑器中禁用"显示边"选项，如图 1-32 所示。这是为了在编辑的时候避免不必要实时显示的轮廓线、延长线等边线影响速度。

最后，关闭阴影显示，关闭的方法有两种，一种是禁用"查看"菜单下的"阴影"选项，另一种是单击"阴影显示切换"按钮，使其处于未激活状态，如图 1-33 所示。

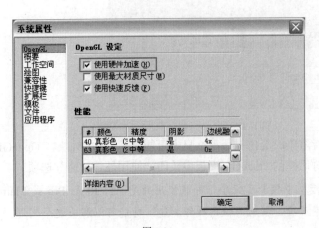

图 1-31　　　　　　　　　　　　　　　　　　　图 1-32

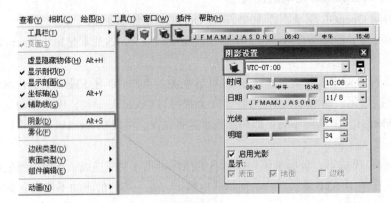

图 1-33

除了上述几点外，还要善于利用操作技巧来加快速度。下面列举一些可以提高显示速度和建模速度的技巧。

（1）尽量多分图层，以便于在编辑模型的时候，可以将其余模型所在的图层隐藏，如图 1-34 所示。

图 1-34

（2）尽量不要使用多边形数很多的组件，可以使用 2D 树木和人物替代 3D 树木和人物，如图 1-35 所示。

图 1-35

（3）在编辑组件的时候，可以隐藏相似组件或者隐藏组件外的其他模型（在"场景信息"管理器的"组件"面板中勾选两个"隐藏"选项，见图 1-36）。

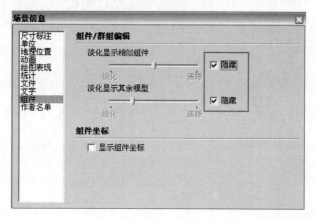

图 1-36

（4）如果需要编辑的元素不便于按照上述方法进行显隐，那么可以用鼠标框选一部分暂时不需要编辑的实体，然后在右键菜单中执行"隐藏"命令（快捷键为 H），完成编辑后再取消隐藏即可（快捷键为 Shift+A）。

第 **2** 章

SketchUp 8.0 的工作界面及优化设置

【本章导读】

本章将对 SketchUp 8.0 界面作一个系统详细地讲解，使读者能完全适应 SketchUp 的工作环境，并学会优化设置一个舒适高效的工作界面，为后面软件工具命令的学习及应用创造一个好的前提条件。

【要点索引】

- 熟悉 SketchUp 8.0 的工作界面
- 熟悉 SketchUp 8.0 的菜单栏命令
- 掌握优化设置 SketchUp 8.0 工作界面的方法

2.1 SketchUp 8.0 的向导界面

安装好 SketchUp 8.0 后，双击桌面上的 ![]图标启动软件，首先出现的是"欢迎使用 SketchUp"的向导界面，如图 2-1 所示。

在向导界面中设置了"添加许可证"、"选择模板"、"每次启动时显示"等功能按钮，可以根据需要进行单击使用。

如果取消了对"每次启动时显示"选项的勾选，再打开 SketchUp 时就不会出现向导界面。若要重新显示，则需单击打开"帮助"菜单，单击"欢迎使用 SketchUp"命令，如图 2-2 所示，此时就会自动弹出向导界面，重新对"每次启动时显示"复选框进行勾选即可。

图 2-1

图 2-2

课堂案例——选择单位为"毫米"的模板

案例学习目标：使用向导界面选择合适的模板。

案例知识要点：使用向导界面中的"选择模板"选项。

文件效果位置：光盘>第 2 章>课堂案例——选择单位为"毫米"的模板。

（1）运行 SketchUp，出现向导界面。

（2）单击 选择模板 按钮，在模板的下拉选框中单击选择"Architectural Design- Millimeters"。

（3）然后单击 开始使用 SketchUp 按钮，即可打开此模板，如图 2-3 所示。

图 2-3

2.2 SketchUp 8.0 的工作界面

在向导界面中单击 开始使用 SketchUp 按钮即可进入SketchUp 8.0的初始工作界面。SketchUp 8.0 的初始工作界面主要由标题栏、菜单栏、工具栏、绘图区、数值控制框、状态栏和窗口调整柄构成，如图 2-4 所示。

标题栏
菜单栏
工具栏
绘图区
数值控制框
状态栏
窗口调整柄
文件(F) 编辑(E) 查看(V) 相机(C) 绘图(R) 工具(T) 窗口(W) 插件 帮助(H)
Layer0
测量
选择物体。使用Shift键扩大选择范围，拖拽鼠标进行多重选择。

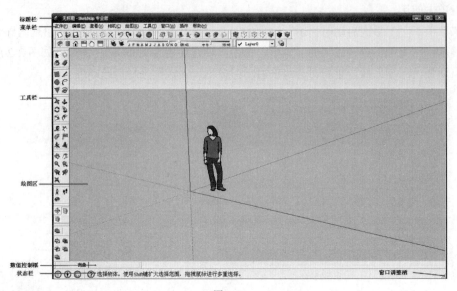

图 2-4

2.2.1 标题栏

标题栏位于界面的最顶部，最左端是 SketchUp 的标志，往右依次是当前编辑的文件名称（如果文件还没有保存命名，这里则显示为"无标题"）、软件版本和窗口控制按钮，如图 2-5 所示。

无标题 - SketchUp Pro

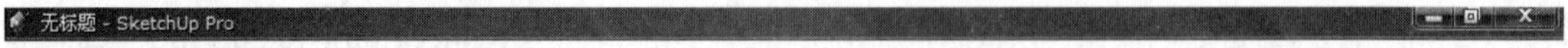

图 2-5

2.2.2 菜单栏

菜单栏位于标题栏下面，包含"文件"、"编辑"、"查看"、"相机"、"绘图"、"工具"、"窗口"、"插件" 和 "帮助" 9 个主菜单，如图 2-6 所示。

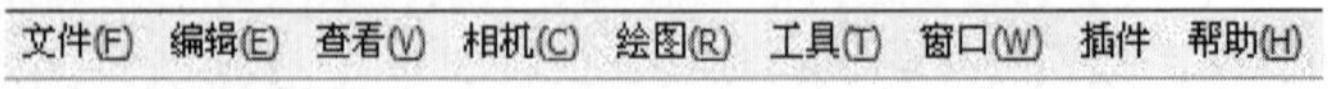

文件(F) 编辑(E) 查看(V) 相机(C) 绘图(R) 工具(T) 窗口(W) 插件 帮助(H)

图 2-6

下面介绍各个菜单中的命令。

1．文件

"文件" 菜单用于管理场景中的文件，包括 "新建"、"打开"、"保存"、"打印"、"导入"、"导出" 等常用命令，如图 2-7 所示。

图 2-7

新建：快捷键为 Ctrl+N，执行该命令后将新建一个 SketchUp 文件，并关闭当前文件。如果用户没有对当前修改的文件进行保存，在关闭时将会得到提示。如果需要同时编辑多个文件，则需要打开另外的 SketchUp 应用窗口。

打开：快捷键为 Ctrl+O，执行该命令可以打开需要进行编辑的文件。同样，在打开时将提示是否保存当前文件。

保存：快捷键为 Ctrl+S，该命令用于保存当前编辑的文件。

另存为：快捷键为 Ctrl+Shift+S，该命令用于将当前编辑的文件另行保存。

副本另存为：该命令用于保存过程文件，对当前文件没有影响。在保存重要步骤或构思时，非常便捷。此选项只有在对当前文件命名之后才能激活。

另存为模板：该命令用于将当前文件另存为一个 SketchUp 模板。

返回上次保存：执行该命令后将返回最近一次的保存状态。

发送到 LayOut：SketchUp 8.0 专业版本发布了增强的布局 LayOut3 功能，执行该命令可以将场景模型发送到 LayOut 中进行图纸的布局与标注等操作。

预览 Google 地球/地理位置：这两个命令结合使用可以在 Google 地图中预览模型场景。

建筑制造：通过该命令可以在网上制作建筑模型，利用 Google 还原真实的街道场景。有兴趣的读者可以登录 http://sketchup.google.com/intl/en/3dwh/buildingmaker.html 网站了解有关操作，如图 2-8 所示。

3D 模型库：该命令可以从网上的 3D 模型库中下载需要的 3D 模型，也可以将模型上传，如图 2-9 所示。

导出：该命令的子菜单中包括 4 个命令，分别为 "3D 模型"、"2D 图像"、"二维剖切" 和 "动画"，如图 2-10 所示。

3D 模型：执行该命令可以将模型导出为 DXF、DWG、3DS 和 VRML 格式。

2D 图像：执行此命令可以导出 2D 光栅图像和 2D 矢量图形。基于像素的图形可以导出为 JPEG、PNG、TIFF、BMP、TGA 和 Epix 格式，这些格式可以准确地显示投影和材质，与在屏幕上看到的效果一样；用户可以根据图像的大小调整像素，以更高的分辨率导出图像；当然，更大的图像会需要更多的时间，输出图像的尺寸最好不要超过 5000 像素×3500 像素，否则容易导出失败。矢量图形可以导出为 PDF、EPS、DWG 和 DXF 格式，矢量输出格式可能不支持一定的显示选项，如阴影、透明度和材质。需要注意的是，在导出立面、平面等视图的时候应关闭"透视显示"模式。

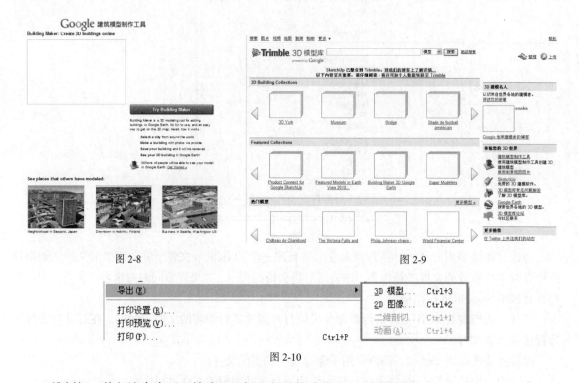

图 2-8   图 2-9

图 2-10

二维剖切：执行该命令可以精确地以标准矢量格式导出 2D 剖切面。

动画：该命令可以将用户创建的动画页面序列导出为视频文件。用户可以创建复杂模型的平滑动画，并可用于刻录 VCD。

导入：该命令用于将其他文件插入 SketchUp 中，包括组件、图像、DWG/DXF 文件、3DS 文件等。

打印设置：执行该命令可以打开"打印设置"对话框，在该对话框中设置所需的打印设备和纸张的大小。

打印预览：使用指定的打印设置后，可以预览将打印在纸上的图像。

打印：该命令用于打印当前绘图区显示的内容，快捷键为 Ctrl+P。

退出：该命令用于关闭当前文档和 SketchUp 应用窗口。

课堂案例——在 Google 地图中预览模型场景

案例学习目标：实现模型在 Google 地图中的预览效果。

案例知识要点：使用"文件→地理位置→添加位置"菜单命令，使用"文件→预览 Google 地球"菜单命令。

光盘文件位置：光盘>第 2 章>课堂案例——在 Google 地图中预览模型场景。

（1）执行"文件→地理位置→添加位置"菜单命令，此时会弹出"添加位置"对话框，如图 2-11 所示。

（2）在"添加位置"对话框中输入要查找的城市名称，如"ganzhou"，然后单击 搜索 按钮，接着单击 选择区域 按钮，如图 2-12 所示。

（3）单击 抓取 按钮将当前图片导入 SketchUp，然后将模型移动到指定的位置，完成地理位置的添加，如图 2-13 所示。

图 2-11

图 2-12

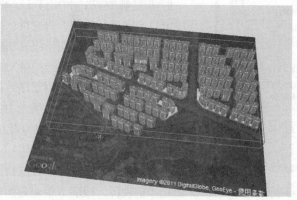

图 2-13

（4）执行"文件→预览 Google 地球"菜单命令，将模型导入 Google 地图，显示效果如图 2-14 所示。

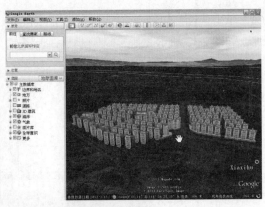

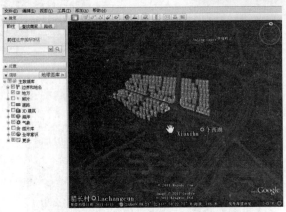

图 2-14

2. 编辑

"编辑"菜单用于对场景中的模型进行编辑操作，包括"剪切"、"复制"、"粘贴"、"隐藏"等命令，如图 2-15 所示。

撤销推/拉：执行该命令将返回上一步的操作，快捷键为 Ctrl+Z。注意，只能撤销创建物体和修改物体的操作，不能撤销改变视图的操作。

重复：该命令用于取消"撤销"命令，快捷键为 Ctrl+Y。

剪切/复制/粘贴：利用这 3 个命令可以让选中的对象在不同的 SketchUp 程序窗口之间进行移动，快捷键依次为 Ctrl+X、Ctrl+C 和 Ctrl+V。

定点粘贴：该命令用于将复制的对象粘贴到原坐标。

删除：该命令用于将选中的对象从场景中删除，快捷键为 Delete。

删除辅助线：该命令用于删除场景中所有的辅助线，快捷键为 Ctrl+Q。

全选：该命令用于选择场景中的所有可选物体，快捷键为 Ctrl+A。

取消选择：与"全选"命令相反，该命令用于取消对当前所有元素的选择，快捷键为 Ctrl+T。

隐藏：该命令用于隐藏所选物体，快捷键为 H。使用该命令可以帮助用户简化当前视图，或者方便对封闭的物体进行内部的观察和操作。

图 2-15

显示：该命令的子菜单中包含 3 个命令，分别是"选定"、"上一次"和"全部"，如图 2-16 所示。

选定：用于显示所选的隐藏物体。隐藏物体的选择可以执行"查看→虚显隐藏物体"菜单命令，如图 2-17 所示。

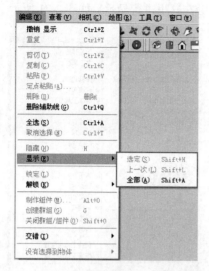

图 2-16

图 2-17

上一次：该命令用于显示最近一次隐藏的物体。

全部：执行该命令后，所有显示的图层的隐藏对象将被显示。注意，此命令对不显示的图层无效。

锁定/解锁："锁定"命令用于锁定当前选择的对象，使其不能被编辑；而"解锁"命令则用于解除对象的锁定状态。在右键菜单中也可以找到这两个命令，如图 2-18 所示。

💡 **技巧与提示**：其他命令将在后面的小节中详细讲解。在"编辑"菜单中的最下面一项用于显示当前选择对象的属性（点、线、面或者组件），该选项的子菜单用于对选择对象进行编辑，对象不同，子菜单也会不同，如图 2-19 所示为组件的编辑菜单。

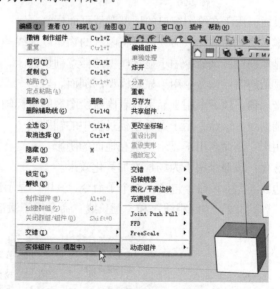

图 2-18

图 2-19

3. 查看

"查看"菜单包含了模型显示的多个命令，如图 2-20 所示。

工具栏：该命令的子菜单中包含了 SketchUp 中的所有工具栏，单击勾选这些命令，即可在绘图区中显示出相应的工具栏，如果安装了插件，也会在这里进行显示，如图 2-21 所示。

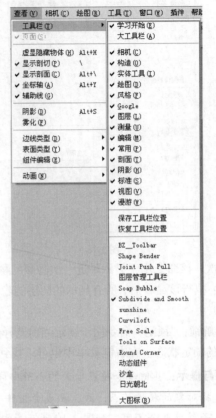

图 2-20   图 2-21

页面：用于在绘图窗口的顶部激活页面标签。

虚显隐藏物体：该命令可以将隐藏的物体以虚线的形式显示。

显示剖切：该命令用于显示模型的任意剖切面。

显示剖面：该命令用于显示模型的剖面。

坐标轴：该命令用于显示或者隐藏绘图区的坐标轴。

辅助线：该命令用于查看建模过程中的辅助线。

阴影：该命令用于显示模型在地面的阴影。

雾化：该命令用于为场景添加雾化效果。

边线类型：该命令包含了 5 个子命令，其中"显示边线"和"背面边线"命令用于显示模型的边线，"轮廓线"、"深粗线"和"延长线"命令用于激活相应的边线渲染模式，如图 2-22 所示。

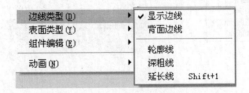

图 2-22

表面类型：该命令包含了 6 种显示模式，分别为"X 光模式"、"线框显示"模式、"消隐"模式、"着色"模式，"贴图"模式和"单色"模式，如图 2-23 所示。

组件编辑：该命令包含的子命令用于改变编辑组件时的显示方式，如图 2-24 所示。

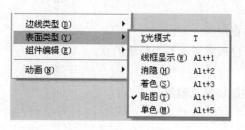

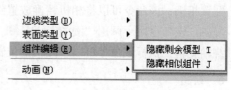

图 2-23　　　　　　　　　　　　　　　　　　　　图 2-24

动画：该命令同样包含了一些子命令，如图 2-25 所示，通过这些子命令可以添加或者删除页面，也可以控制动画的播放和设置。

4．相机

"相机"菜单包含了改变模型视角的命令，如图 2-26 所示。

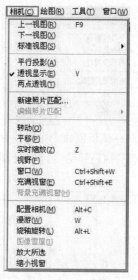

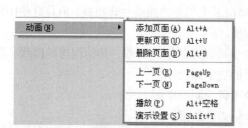

图 2-25　　　　　　　　　　　　　　　　　　　　图 2-26

上一视图：该命令用于返回翻看上次使用的视角。

下一视图：在翻看上一视图之后，单击该命令可以往后翻看下一视图。

标准视图：SketchUp 提供了一些预设的标准角度的视图，包括顶视图、底视图、前视图、后视图、左视图、右视图和等角视图。通过该命令的子菜单可以调整当前视图，如图 2-27 所示。

平行投影：该命令用于调用"平行投影"显示模式。

透视显示：该命令用于调用"透视显示"模式。

两点透视：该命令用于调用"两点透视"显示模式。

新建照片匹配：执行该命令可以引入照片作为材质，对模型进行贴图。

编辑照片匹配：该命令用于对匹配的照片进行编辑修改。

转动：执行该命令可以对模型进行旋转查看。

平移：执行该命令可以对视图进行平移。

实时缩放：执行该命令后，按住鼠标左键在屏幕上进行拖动，可以进行实时缩放。

视野：执行该命令后，按住鼠标左键在屏幕上进行拖动，可以使视野加宽或者变窄。

窗口：该命令用于放大窗口选定的元素。

充满视窗：该命令用于使场景充满绘图窗口。

背景充满视窗：该命令用于使背景图片充满绘图窗口。

配置相机：该命令可以将相机精确放置到眼睛高度或者置于某个精确的点。

漫游：该命令用于调用"漫游"工具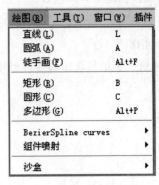。

绕轴旋转：执行该命令可以在相机的位置沿 Z 轴旋转显示模型。

5. 绘图

"绘图"菜单包含了绘制图形的几个命令，如图 2-28 所示。

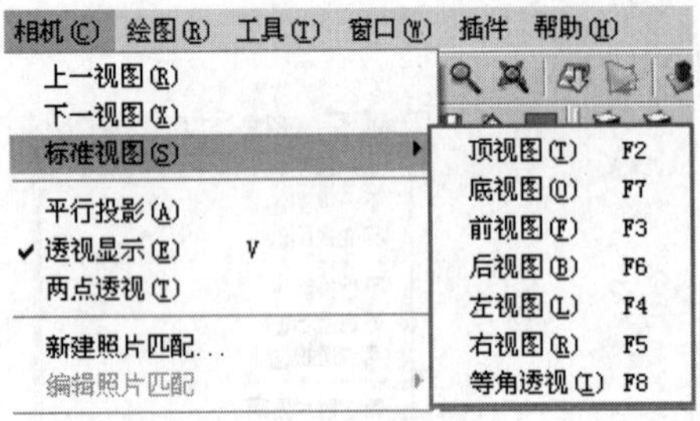

图 2-27

图 2-28

直线：执行该命令可以绘制线、相交线或者闭合的图形。

圆弧：执行该命令可以绘制圆弧，圆弧一般是由多个相连的曲线片段组成，但是这些图形可以作为一个弧整体进行编辑。

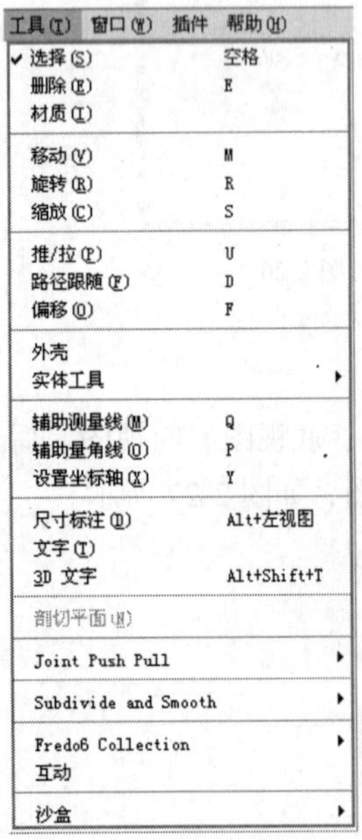

徒手画：执行该命令可以绘制不规则的、共面相连的曲线，从而创造出多段曲线或者简单的徒手画物体。

矩形：执行该命令可以绘制矩形面。

圆形：执行该命令可以绘制圆。

多边形：执行该命令可以绘制规则的多边形。

沙盒：通过该命令的子命令可以利用等高线或栅格创建地形。

"自由矩形"命令：与"矩形"命令不同，执行"自由矩形"命令可以绘制边线不平行于坐标轴的矩形。

6. 工具

"工具"菜单主要包括对物体进行操作的常用命令，如图 2-29 所示。

选择：选择特定的实体，以便对实体进行其他命令的操作。

删除：该命令用于删除边线、辅助线和绘图窗口的其他物体。

材质：执行该命令将打开"材质"编辑器，用于为面或组件赋予材质。

移动：该命令用于移动、拉伸和复制几何体，也可以用来旋转组件。

图 2-29

旋转：执行该命令将在一个旋转面里旋转绘图要素、单个或多个物体，也可以选中一部分物体进行拉伸和扭曲。

缩放：执行该命令将对选中的实体进行缩放。

推/拉：该命令用来扭曲和均衡模型中的面。根据几何体特性的不同，该命令可以移动、挤压、添加或者删除面。

路径跟随：该命令可以使面沿着某一连续的边线路径进行拉伸，在绘制曲面物体时非常方便。

偏移：该命令用于偏移复制共面的面或者线，可以在原始面的内部和外部偏移边线，偏移一个面会创造出一个新的面。

外壳：该命令可以将两个组件合并为一个物体并自动成组。

实体工具：该命令下包含了 5 种布尔运算功能，可以对组件进行并集、交集和差集的运算。

辅助测量线：该命令用于绘制辅助测量线，使精确建模操作更简便。

辅助量角线：该命令用于绘制一定角度的辅助量角线。

设置坐标轴：用于设置坐标轴，也可以进行修改。对绘制斜面物体非常有效。

尺寸标注：用于在模型中标识尺寸。

文字：用于在模型中输入文字。

3D 文字：用于在模型中放置 3D 文字，可设置文字的大小和挤压厚度。

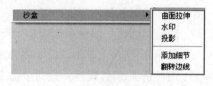

图 2-30

剖切平面：用于显示物体的剖切面。

互动：通过设置组件属性，给组件添加多个属性，比如多种材质或颜色。运行动态组件时会根据不同属性进行动态变化显示。

沙盒：该命令包含了 5 个子命令，分别为"曲面拉伸"、"水印"、"投影"、"添加细节"和"翻转边线"，如图 2-30 所示。

7. 窗口

"窗口"菜单中的命令代表着不同的编辑器和管理器，如图 2-31 所示。通过这些命令可以打开相应的浮动窗口，以便快捷地使用常用编辑器和管理器，而且各个浮动窗口可以相互吸附对齐，单击即可展开，如图 2-32 所示。

图 2-31　　　　　　　　　　　　　　　图 2-32

场景信息：单击该选项将弹出"场景信息"管理器。

图元信息：单击该命令将弹出"图元信息"浏览器，用于显示当前选中实体的属性。

材质：单击该命令将弹出"材质"编辑器。

组件：单击该命令将弹出"组件"编辑器。

风格：单击该命令将弹出"风格"编辑器。

图层：单击该命令将弹出"图层"管理器。

管理目录：单击该命令将弹出"管理目录"浏览器。

页面管理：单击该命令将弹出"页面"管理器，用于突出当前页面。

阴影：单击该命令将弹出"阴影设置"对话框。

雾化：单击该命令将弹出"雾化"对话框，用于设置雾化效果。

照片匹配：单击该命令将弹出"照片匹配"对话框。

边线柔化：单击该命令将弹出"边线柔化"编辑器。

工具向导：单击该命令将弹出"指导"编辑器。

参数设置：单击该命令将弹出"系统属性"对话框，可以通过设置 SketchUp 的应用参数来为整个程序编写各种不同的功能。

隐藏对话框：该命令用于隐藏所有对话框。

Ruby 控制台：单击该命令将弹出"Ruby 控制台"对话框，用于编写 Ruby 命令。

组件选项/组件属性：这两个命令用于设置组件的属性，包括组件的名称、大小、位置、材质等。通过设置属性，可以实现动态组件的变化显示。

照片纹理：该命令可以直接从 Google 地图上截取照片纹理，并作为材质贴图赋予模型物体的表面。

课堂案例——打开浮动窗口并依附对齐显示

案例学习目标：将打开的浮动窗口依附对齐。

案例知识要点：使用鼠标单击激活"窗口"菜单栏下的工具窗口，使用鼠标拖动对话框窗口使之对齐。

（1）打开"窗口"菜单，单击所需要的窗口，如"图元信息"，那么界面就会弹出"图元信息"浏览器浮动窗口，并且在"窗口"菜单下的"图元信息"选项前面就带有了"√"符号，如图 2-33 所示。

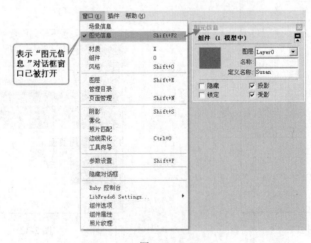

图 2-33

（2）在浮动窗口最上面的名称栏上单击，浮动窗口的内容就会隐藏起来，对应"窗口"菜单下的"图元信息"选项前面就显示"-"符号，如图 2-34 所示。再次单击名称栏，内容会自动恢复显示。

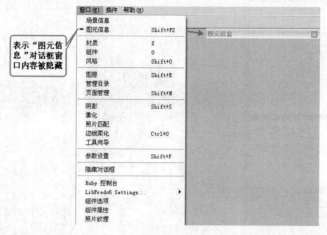

图 2-34

（3）继续激活其他浮动窗口，使用鼠标将浮动窗口移动至已有浮动窗口下面，将会自动依附对齐，如图 2-35 所示。

图 2-35

课堂案例——为模型添加 Google 照片纹理

案例学习目标：使用"添加照片纹理"命令对建筑赋予照片纹理贴图。

案例知识要点：使用"窗口→照片纹理"菜单命令。

光盘文件位置：光盘>第 2 章>课堂案例——为模型添加 Google 照片纹理

使用该功能可以在减少模型量的同时，最大程度地还原现实场景，在旧街区改造项目中运用较为广泛，如废弃工厂的改造、临街建筑立面的翻新、街道设施的设计和添加等。

（1）选择立方体的一个面，然后执行"窗口→照片纹理"菜单命令。

（2）在弹出的"照片纹理"对话框中输入图片的地理位置，然后单击 搜索 按钮，接着单击 选择区域 按钮，如图 2-36 所示。

（3）单击 抓取 按钮将当前图片导入 SketchUp，完成照片纹理的添加，如图 2-37 所示。

8．插件

SketchUp 的插件也称为脚本（Script），它是用 Ruby 语言编制的实用程序，通常程序文件的后缀名为.rb。一个简单的 SketchUp 插件可能只有一个.rb 文件，复杂一点的可能会有多个.rb 文件，并带有自己的子文件夹和工具图标。安装插件时只需要将它们复制到 SketchUp 安装目录的"Plugins"子文件夹即可。个别插件有专门的安装文件，在安装时可以像 Windows 应用程度一样进行安装。

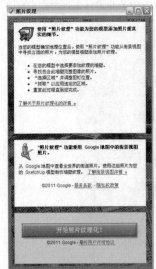

图 2-36

图 2-37

课堂案例——安装插件

案例学习目标：学会安装插件的方法。

案例知识要点：复制插件文件，粘贴到"Plugins"文件夹。

（1）首先找到需要安装的插件，单击鼠标右键选择"复制"命令，如图 2-38 所示。

（2）选择桌面的 SketchUp 启动图标 ，单击鼠标右键选择"属性"命令，在弹出的"Goole SketchUp 8 属性"对话框中选择"查找目标"按钮，如图 2-39 所示。

（3）在弹出的文件中找到"Plugins"文件夹，双击文件夹将其打开，单击鼠标右键选择"粘贴"命令，如图 2-40 所示。

（4）将第（1）步所选择的插件文件粘贴进来就相当于安装好了插件，如图 2-41 所示。

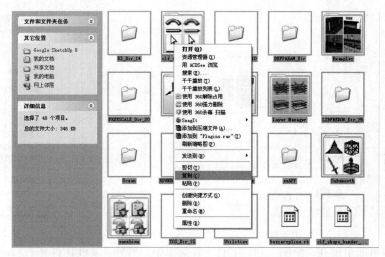

图 2-38

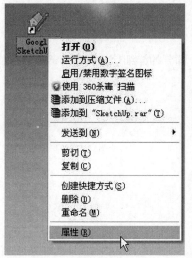

图 2-39

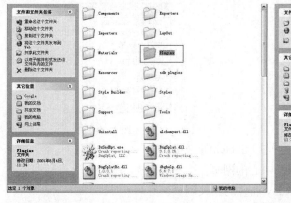

图 2-40

　　安装完插件文件后，重新启动 SketchUp，就可以通过菜单来使用它们了。插件命令一般位于 SketchUp 主菜单的"插件"菜单下，如图 2-42 所示。

图 2-41   图 2-42

但有的命令可能出现在"绘图"和"工具"等菜单中。另外，某些插件还有自己的工具栏，使用起来非常方便。如果插件工具栏没有显示在界面中，可以执行"查看→工具栏"菜单命令调出其工具栏，如图 2-43 所示。

9. 帮助

通过"帮助"菜单中的命令可以了解软件各个部分的详细信息和学习教程，如图 2-44 所示。

图 2-43   图 2-44

欢迎使用 SketchUp：单击该命令将弹出欢迎使用 SketchUp 对话框。

帮助中心：单击该命令将弹出 SketchUp 帮助中心的网页。

学习 Ruby 插件：单击该命令将弹出学习 Ruby 插件的相关网页。

联系我们：单击该命令将弹出 SketchUp 相关网页。

帮助：单击该命令将弹出软件授权的信息。

检查更新：单击该命令将自动检测最新的软件版本，并对软件进行更新。

关于 SketchUp：单击该命令将弹出显示已安装软件的信息对话框。

2.2.3　工具栏

工具栏中包含了常用的工具，用户可以自定义这些工具的显隐状态或显示大小等。

课堂案例——打开所需工具栏图标

案例学习目标：通过拓展栏将所需工具进行勾选，以便能在工具栏中显示图标。

案例知识要点：使用"窗口→参数设置"菜单命令，使用"查看→工具栏"菜单命令。

（1）执行"窗口→参数设置"菜单命令，在弹出的"系统属性"对话框中，将"扩展栏"参数设置面板中的所有选项进行勾选，如图 2-45 所示。

图 2-45

（2）执行"查看→工具栏"菜单命令，并在弹出的子菜单中单击勾选需要显示的工具栏即可，带有"√"的菜单项为已经显示的工具栏，如图 2-46 所示。

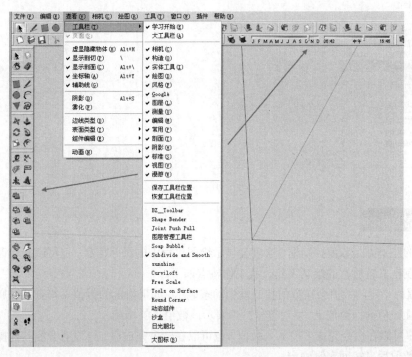

图 2-46

2.2.4　绘图区

绘图区又叫绘图窗口，占据了界面中最大的区域，在这里可以创建和编辑模型，也可以对视图进行调整。在绘图窗口中还可以看到绘图坐标轴，分别用红、绿、蓝 3 色显示。

课堂案例——取消鼠标处的坐标轴十字光标

案例学习目标：取消十字光标。

案例知识要点：通过"系统属性"对话框取消对"显示十字光标"的勾选。

执行"窗口→参数设置"菜单命令，然后在"系统属性"对话框的"绘图"面板中禁用"显示十字光标"选项，如图 2-47 所示。

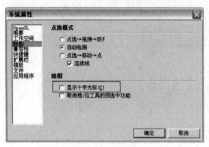

图 2-47

ⓘ 技巧与提示：——在绘图区里隐藏坐标轴

执行"查看→坐标轴"菜单命令，取消对"坐标轴"的勾选即可，如图 2-48 所示。

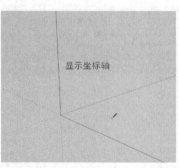

图 2-48

2.2.5　数值控制框

绘图区的左下方是数值控制框，这里会显示绘图过程中的尺寸信息，也可以接受键盘输入的数值。数值控制框支持所有的绘制工具，其工作特点如下。

（1）由鼠标指定的数值会在数值控制框中动态显示。如果指定的数值不符合系统属性里指定的数值精度，在数值前面会加上"~"符号，这表示该数值不够精确。

（2）用户可以在命令完成之前输入数值，也可以在命令完成后，还没有开始其他操作之前输入数值。输入数值后，按回车键确定。

（3）当前命令仍然生效的时候（开始新的命令操作之前），可以持续不断地改变输入的数值。

（4）一旦退出命令，数值控制框就不会再对该命令起作用了。

（5）输入数值之前不需要单击数值控制框，可以直接在键盘上输入，数值控制框随时候命。

2.2.6　状态栏

状态栏位于界面的底部，用于显示命令提示和状态信息，是对命令的描述和操作提示，这些信息会随着对象而改变。

2.2.7　窗口调整柄

窗口调整柄位于界面的右下角，显示为一个条纹组成的倒三角符号 ，通过拖动窗口调整柄可以调整窗口的长宽和大小。当界面最大化显示时，窗口调整柄是隐藏的，此时只需双击标题栏将界面缩小即可看到。

课堂案例——调整绘图区窗口大小

案例学习目标：调整绘图区窗口的大小。

案例知识要点：使用鼠标拖曳绘图界面的边界线。

单击绘图区右上角的"向下还原"按钮 ，那么该按钮会自动切换为"最大化"按钮 ，在这种状态下，可以拖曳右下角的窗口调整柄 进行调整（界面的边界会呈虚线显示），也可以将鼠标放置在界面的边界处，鼠标指针会变成双向箭头 ，拖曳箭头即可改变界面大小，如图 2-49 所示。

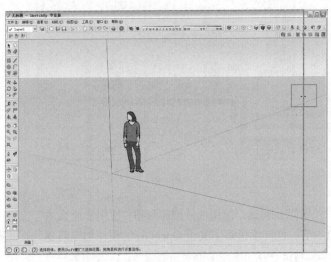

图 2-49

2.3 参数设置（系统属性）

执行"窗口→参数设置"菜单命令，在弹出的"系统属性"对话框中，可以对软件的运行参数做优化设置，如图 2-50 所示。在此对 OpenGL、概要和快捷键 3 个选项进行重点介绍。

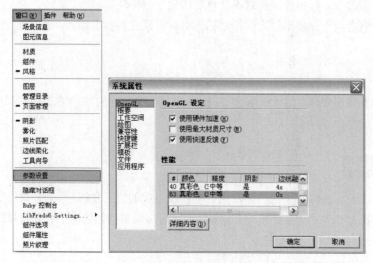

图 2-50

2.3.1　OpenGL

　　执行"窗口→参数设置"菜单命令，在弹出的"系统属性"对话框中单击展开"OpenGL"选项，如图 2-51 所示。

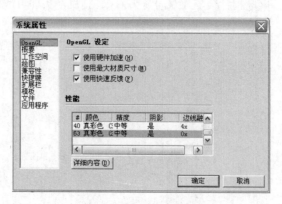

图 2-51

　　软件安装以后，系统默认勾选"使用硬件加速"和"使用快速反馈"选项，可以使软件运行速度提高。在第 1 章 1.5 节，已详细讲解了关于 OpenGL 的硬件加速问题，在此不做赘述。

　　🛈 **技巧与提示**：——巧用"使用最大材质尺寸"

　　SketchUp 8.0 在"系统属性"对话框中的"OpenGL"面板中增加了"使用最大材质尺寸"选项。在模型创建过程中，可以不用勾选"使用最大材质尺寸"，此时的场地贴图比较模糊，如图 2-52 所示。

　　在模型创建完毕之后，可以勾选"使用最大材质尺寸"，场地贴图显示比较清晰，如图 2-53 所示。

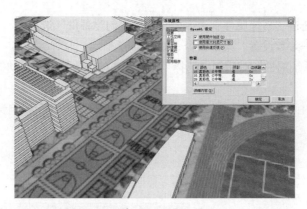

图 2-52

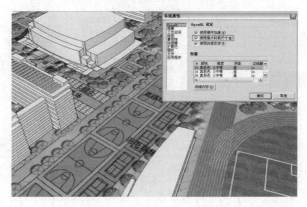

图 2-53

2.3.2 概要

单击"概要"选项，对文件的保存、备份、检测、更新等一般属性进行设置，如图 2-54 所示。

图 2-54

勾选"创建备份"选项，开启文件的自动备份功能，备份文件的后缀名.skb。

为了避免软件的意外出错造成损失，有必要进行"自动保存"设置，系统每隔一段时间会将当前文件的变更保存在一个临时文件中，文件名称前带有 AutoSave 字样。如果不小心软件出错，可以使用该文件继续工作。

课堂案例——设置文件自动备份

案例学习目标：启用文件自动备份功能。

案例知识要点：通过"系统属性"对话框，勾选"创建备份"选项。

（1）执行"窗口→参数设置"菜单命令，如图 2-55 所示。

（2）在弹出的"系统属性"对话框中选择"概要"选项，即可设置自动保存的间隔时间，如图 2-56 所示。

建议读者将保存时间设置为 15 分钟左右，以免太过频繁地保存会影响操作速度。

图 2-55

图 2-56

🛈 **技巧与提示**：如果新建了一个文件尚未命名，在开启 SketchUp 的"自动保存"功能情况下，如图 2-57 所示，那么文件将以阿拉伯数字命名自动保存。

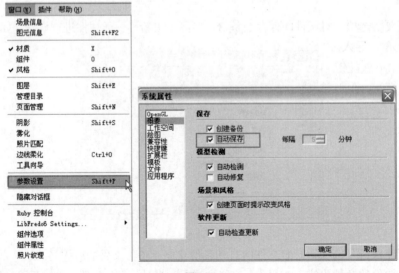
图 2-57

2.3.3 快捷键

1．添加自定义快捷键

添加自定义快捷键有两种方法：导入快捷键.dat 文件和双击注册表.reg 文件，建议读者使用第二种方法。

[方法一]：导入快捷键.dat 文件

课堂案例——通过光盘提供的 SU8.0.reg 文件添加快捷键

案例学习目标：添加快捷键。

案例知识要点：通过"系统属性"对话框，对快捷键进行重设和导入。

光盘文件位置：光盘>第 2 章> SU8.0.dat。

（1）运行 SketchUp，执行"窗口→参数设置"菜单命令，如图 2-58 所示。

（2）在弹出的"系统属性"对话框中展开"快捷键"面板，接着单击 重设 按钮将之前的快捷键清除，再单击 输入... 按钮，如图 2-59 所示。

图 2-58

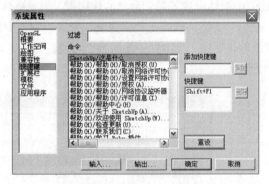

图 2-59

（3）在弹出的"导入用户设置"对话框里选择本书配套光盘中的"SU8.0.dat"文件（里面包含了所有的 SketchUp 快捷键，在本书最后也附有快捷键命令索引），然后单击"导入"按钮，完成快捷键的导入，如图 2-60 所示。

图 2-60

技巧与提示：按这种方法导入的快捷键会有一部分丢失，下面介绍一种以注册表形式导出快捷键的方法，可以避免快捷键的丢失。

图 2-61

[方法二]：双击注册表文件（.reg 文件）导入快捷键

（1）在运行 SketchUp 之前，找到调整好的注册表文件（.reg 文件），双击该文件图标，如图 2-61 所示。

（2）按照提示单击"确定"按钮就可以完成导入，如图 2-62 所示。

图 2-62

2．编辑快捷键

SketchUp 默认设置了部分命令的快捷键，对这些快捷键可以进行修改，如在"过滤"文本框中输入"矩形"文字，然后在"快捷键"列表框中选中出现的快捷键，并单击 删除 按钮将其删除，接着在"添加快捷键"文本框中输入自己习惯的命令（如 B），再单击 添加 按钮完成快捷键的修改，如图 2-63 所示。

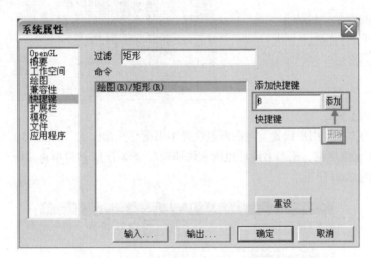

图 2-63

3．导出快捷键

设置完常用的快捷键之后，可以将快捷键导出，以便日后使用。导出步骤如下。

（1）在桌面的"开始"菜单中单击"运行"选项，然后在弹出的"运行"对话框中输入"regedit"，如图 2-64 所示。

（2）单击"确定"按钮打开"注册表编辑器"对话框，然后找到 HKEY_CURRENT_USER\Software\Google\Sketchup8\Settings 选项，接着在左侧的 Settings 文件夹上单击鼠标右键，并在弹出的快捷菜单中执行"导出"命令，如图 2-65 所示。

（3）最后在"导出注册表文件"对话框中设置好文件名和导出路径，其中"导出范围"设置为"所选分支"，设置好文件名，如图 2-66 所示。

图 2-64

图 2-65

（4）完成注册表文件的保存后，便得到一个.reg 文件，如图 2-67 所示。在另外一台计算机上安装的时候，只需要在运行 SketchUp 之前，双击该注册表文件即可导入这套快捷键。

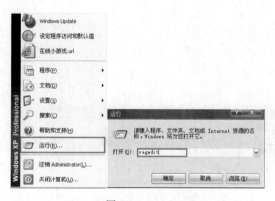

图 2-66

图 2-67

2.4 场景信息设置

执行"窗口→场景信息"菜单命令，如图 2-68 所示，打开"场景信息"管理器。下面对"场景信息"管理器的各个选项面板进行讲解。

2.4.1 尺寸标注

"尺寸标注"面板中的各项设置用于改变模型尺寸标注的样式，包括文字、引线、尺寸标注的形式等，如图 2-69 所示。

图 2-68

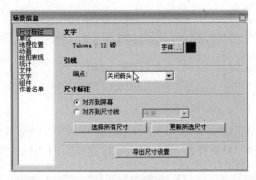

图 2-69

2.4.2 单位

"单位"面板用于设置文件默认的绘图单位和角度单位。

课堂案例——设置场景的单位

案例学习目标：设定场景绘图的单位长度和角度。

案例知识要点：通过"场景信息"对话框，对绘图单位进行下拉选择。

执行"窗口→场景信息"菜单命令，打开"场景信息"管理器，单击"单位"面板，在"单位形"下拉列表中选择"十进制"，"毫米"，在"精确度"下拉列表中选择"0.00mm"，勾选"角度"选项组中的"启用捕捉"，并在角度捕捉的下拉列表中选择"5.0"，如图 2-70 所示。

2.4.3 地理位置

"地理位置"面板用于设置模型所处的地理位置和太阳的方位，以便更准确地模拟光照和阴影效果，如图 2-71 所示。

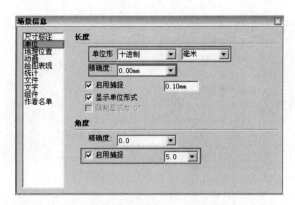

图 2-70

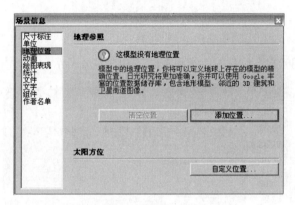

图 2-71

⚠ **技巧与提示**：单击 添加位置... 按钮即可设置模型所处的地理位置，添加方法在前面的"课堂举例——为模型添加 Goole 照片纹理"中已经讲过，在此不做赘述。另外，在"地理位置"面板中还可以设置太阳的方位，只需单击 自定义位置... 按钮，然后在弹出的对话框中进行设置即可，如图 2-72 所示。

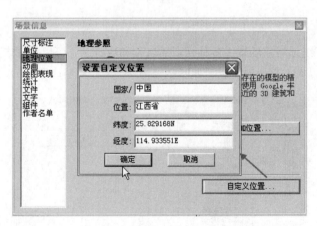

图 2-72

2.4.4 动画

"动画"面板用于设置页面切换的过渡时间和场景延时时间，如图 2-73 所示。

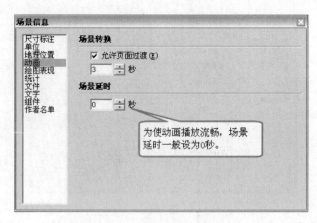

图 2-73

2.4.5 绘图表现

"绘图表现"面板用于提高纹理的性能和质量,如图 2-74 所示。

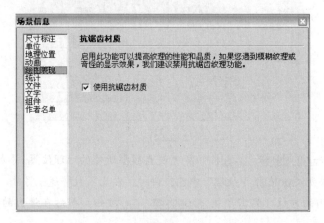

图 2-74

2.4.6 统计

"统计"面板用于统计当前场景中各种元素的名称和数量,并可以清理未使用的组件、材质、图层等多余元素,可以大大减小模型量,如图 2-75 所示。

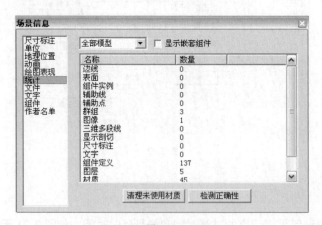

图 2-75

2.4.7　文件

　　"文件"面板包含了当前文件所在位置、使用版本、文件大小和注释，如图 2-76 所示。

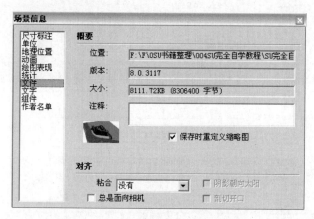

图 2-76

　　技巧与提示："对齐"选项组用于定义组件插入到其他场景时所对齐的面（前提是该组件已经被放置好）。

2.4.8　文字

　　"文字"面板可以设置屏幕文字、引线文字和引线的字体颜色、样式、大小等，如图 2-77 所示。

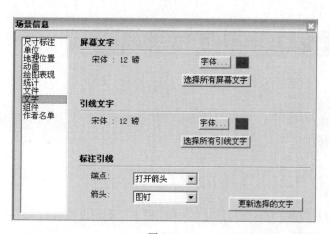

图 2-77

2.4.9　组件

　　"组件"面板可以控制相似组件或其他模型的显隐效果，如图 2-78 所示。

2.4.10　作者名单

　　"作者名单"面板用于显示模型作者和组件作者，如图 2-79 所示。

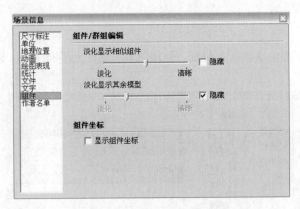

图 2-78

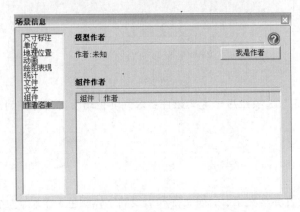

图 2-79

2.5 改变绘图的坐标系及方位

利用坐标系的功能可以创建斜面,并在斜面上进行精确地操作;利用该功能也可以准确地缩放不在坐标轴平面上的物体。

2.5.1 重设坐标轴

重设坐标轴是指对模型的群组或者组件的坐标轴进行重新设置。

重设坐标轴的具体操作步骤如下。

(1)激活"坐标轴"工具 ,此时光标处会多出一个坐标符号。

(2)移动光标至要放置新坐标系的点,该点将作为新坐标系的原点。在捕捉点的过程中,可以通过参考提示来确认是否放置在正确的点上。

(3)确认新坐标系的原点后,移动光标来对齐 x 轴(红轴)的新位置,然后再对齐 y 轴(绿轴)的新位置,完成坐标轴的重新设定。

完成坐标轴的重新设定后,z 轴(蓝轴)垂直于新指定的 xy 平面,如果新的坐标系是建立在斜面上,那么现在就可以顺利完成斜面的"缩放"操作了。

2.5.2　对齐

该命令是将选择的物体对齐到所选择命令要求，包括对齐到轴线和对齐到视图两个选项。

1．对齐到轴线

对齐坐标系可以使坐标轴与物体表面对齐，只需在需要对齐的表面上单击鼠标右键，然后在弹出的快捷菜单中执行"对齐到轴线"命令即可。例如，对屋顶的斜面执行"对齐到轴线"命令，此时在表面上创建物体，物体的默认坐标轴将与斜面相平行，进行"缩放"操作也比较顺利。

图 2-80 所示为直接使用"缩放"工具 对斜面进行操作的显示效果。

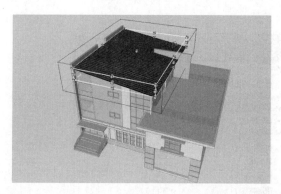

图 2-80

图 2-81 所示为对斜面执行"对齐到轴线"命令后，再使用"缩放"工具 进行操作的显示效果。

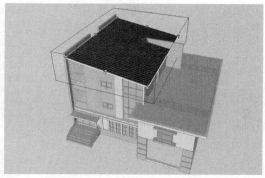

图 2-81

2．对齐到视图

在需要对齐的表面上单击鼠标右键，然后在弹出的快捷菜单中执行"对齐到视图"命令，可以将视图垂直于坐标系的 z 轴（蓝轴），并与 xy 平面对齐，如图 2-82 所示。

2.5.3　"日光朝北"工具

SletchUp 8.0 版本新增加了"日光朝北"工具栏，执行"查看→工具栏→日光朝北"菜单命令即可调出该工具栏，使用该工具栏中的工具可以非常方便地显示模型场景的正北方（类似于指北针），如图 2-83 所示。

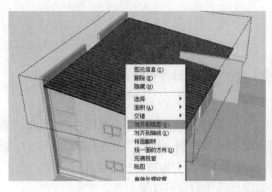 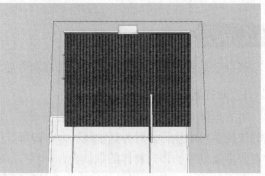

图 2-82

图 2-83

"开关朝北箭头"工具：激活该工具后，屏幕上会显示模型的正北方向（默认为 y 轴（绿轴）），用橙色加粗显示，如图 2-84 所示。用户可以重新设置正北方向，关闭该工具则隐藏朝北箭头。

"设置朝北工具"工具：激活该工具，然后在任意位置单击，接着移动鼠标到相应的角度，此时就会发现朝北箭头的方向会随着鼠标移动的角度改变而作相应改变，但是朝北箭头的原点始终在坐标轴的原点。另外，不管鼠标在 xz 平面或 yz 平面上作任何角度改变，朝北箭头都只在 xy 平面上进行移动。为了更清楚地表示，下面分别在不同的角度进行查看，如图 2-85 所示。

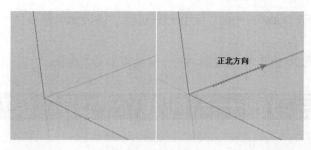

图 2-84

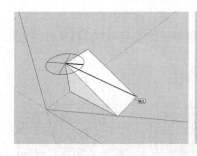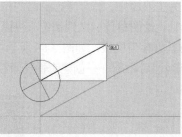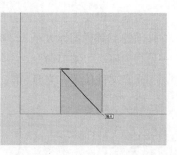

图 2-85

"输入朝北角度"工具 ![icon]：激活该工具将弹出"输入朝北角度"对话框，在该对话框中可以输入朝北箭头偏移的角度。输入正角度值则顺时针偏移，输入负角度值则逆时针偏移，如图 2-86 和图 2-87 所示。

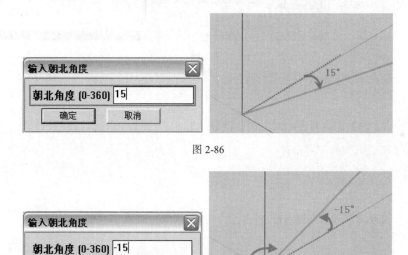

图 2-86

图 2-87

2.6 课堂练习——创建规划场景模板

练习知识要点：以方便创建规划模型场景的模型为原则，将场景的单位改成"米"，自动保存设置为"10 分钟",勾选 OpenGL 中的"使用硬件加速"、"使用最大材质尺寸"和"使用快速反馈"3 个复选框。

光盘文件位置:光盘>第 2 章>课堂练习——创建规划场景模板。

2.7 课后习题——创建个性场景模板

习题知识要点:以绘图方便为主要原则,综合考虑自己的作图习惯,利用上面所学知识,对工作界面的工具栏图标大小、坐标轴、绘图单位、文件备份、快捷键等属性进行调整。再执行"文件→另存为模板"菜单命令,将场景另存为模板,如图 2-88 所示。

光盘文件位置:光盘>第 2 章>课后习题——创建个性场景模板。

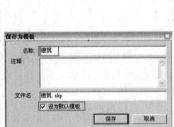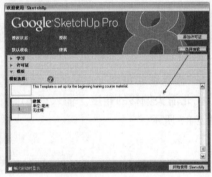

图 2-88

第

3章

SketchUp 模型场景的查看

【本章导读】

本章将系统学习在 SketchUp 工作界面中自由、灵活地查看模型场景的方法。

【要点索引】

- 熟练运用"相机"工具栏进行查看模型
- 熟练使用用鼠标的左键、中键及滚轮
- 熟练运用"视图"工具栏查看模型
- 了解漫游工具的使用

3.1 运用"相机"工具栏查看

"相机"工具栏包含了 7 个工具，分别为"转动"工具 🔄、"平移"工具 ✋、"实时缩放"工具 🔍、"窗口缩放"工具 🔍、"上一视图"工具 ⬅、"下一视图"工具 ➡和"充满视野"工具 ⊠，如图 3-1 所示。

图 3-1

3.1.1 转动

"转动"工具 🔄可以使照相机绕着模型旋转，激活该工具后，按住鼠标左键不放并拖曳即可旋转视图。如果没有激活该工具，那么按住鼠标中键不放并进行拖曳也可以旋转视图（SketchUp 默认鼠标中键为"转动"工具 🔄的快捷键）。

ⓘ 技巧与提示：如果使用鼠标中键双击绘图区的某处，会将该处旋转置于绘图区中心。这个技巧同样适用于"平移"工具 ✋和"实时缩放"工具 🔍。

按住 Ctrl 键的同时旋转视图能使竖直方向的旋转更流畅。

利用页面保存常用视图，可以减少"转动"工具 🔄的使用。

3.1.2 平移

"平移"工具 ✋可以相对于视图平面水平或垂直地移动照相机。

激活"平移"工具 ✋后，在绘图窗口中按住鼠标左键并拖曳即可平移视图。也可以同时按住 Shift 键和鼠标中键进行平移。

3.1.3 实时缩放

"实时缩放"工具 🔍可以动态地放大和缩小当前视图，调整相机与模型之间的距离和焦距。

激活"实时缩放"工具 🔍后，在绘图窗口的任意位置按住鼠标左键并上下拖动即可进行窗口缩放。向上拖动是放大视图，向下拖动是缩小视图，缩放的中心是光标所在的位置。

滚轮鼠标中键也可以进行窗口缩放，这是"实时缩放"工具 🔍的默认快捷操作方式。向前滚动是放大视图，向后滚动是缩小视图，光标所在的位置是缩放的中心点。

激活"实时缩放"工具 🔍后，如果双击绘图区的某处，则此处将在绘图区居中显示，这个技巧在某些时候可以省去使用"平移"工具 ✋的步骤。

在制作场景漫游的时候常常要调整视野。当激活"实时缩放"工具 🔍后，用户可以输入一个准确的值来设置透视或照相机的焦距。例如，输入 45deg 表示设置一个 45 度的视野，输入 35mm 表示设置一个 35mm 的照相机镜头。用户也可以在缩放的时候按住 Shift 键进行动态调整。

ⓘ 技巧与提示：改变视野的时候，照相机仍然留在原来的三维空间位置上，相当于只是旋转了相机镜头的变焦环。

3.1.4　窗口缩放

"窗口缩放"工具 允许用户选择一个矩形区域来放大至全屏显示。

3.1.5　上一视图/下一视图

这两个工具可以恢复视图的变更，"上一视图"工具 可以恢复到上一视图，"下一视图"工具 可以恢复到下一视图。

3.1.6　充满视野

"充满视野"工具 用于使整个模型在绘图窗口中居中并全屏显示（快捷键为 Shift+Z）。

3.2 运用"视图"工具栏查看

"视图"工具栏中包含了 6 个工具，分别为"等角透视"工具 、"顶视图"工具 、"前视图"工具 、"右视图"工具 、"后视图"工具 和"左视图"工具 ，如图 3-2 所示。

课堂案例——将当前视图切换到不同的标准视图

案例学习目标：将视图转换为标准视图。

案例知识要点：单击"视图"工具栏中的各个按钮，完成视图的转换。

图 3-2

光盘文件位置：光盘>第 3 章>课堂案例——将当前视图切换到不同的标准视图。

（1）运行 SketchUp，打开场景文件。

（2）分别单击视图工具栏中的"等角透视"工具 、"顶视图"工具 、"前视图"工具 、"右视图"工具 、"后视图"工具 和"左视图"工具，得到如图 3-3 所示的视图效果。

等角透视图

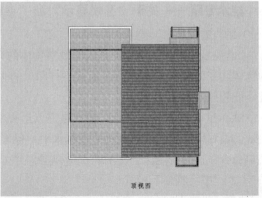

顶视图

图 3-3

(!) **技巧与提示**：切换到"等角透视"视图后，SketchUp 会根据目前的视图状态生成接近于当前视角的等角透视视图。另外，只有在"平行投影"模式（执行"相机→平行投影"菜单命令）下显示的等角透视才是正确的。

如果想在"透视显示"模式下打印或导出二维矢量图，传统的透视法则就会起作用，输出的图不能设定缩放比例。例如，虽然视图看起来是顶视图或等角视图，但除非进入"平行投影"模式，否则是得不到真正的平面图和轴测图的（"平行投影"模式也叫"轴测"模式，在该模式下显示的是轴测图）。

技术专题——关于"透视显示"和"平行投影"

（1）"透视显示"模式

"透视显示"模式模拟的是人眼观察物体的方式，模型中的平行线会消失于远处的灭点，显示的物体会变形。在"透视显示"模式下打印出的平面、立面及剖面图等不能正确地反应长度和角度，且不能按照一定的比例打印。

SketchUp 的"透视显示"模式是三点透视，当视线处于水平状态时，会生成两点透视。两点透视的设置可以通过放置相机使视线水平；也可以在选定好一定角度后，执行"相机→两点透视"菜单命令，这时绘图区会显示两点透视图，并可以直接在绘图中心显示，如图 3-4 所示。

（2）"平行投影"模式

"平行投影"模式是模型的三向投影图。在"平行投影"模式中，所有的平行线在绘图窗口中仍显示为平行，如图 3-5 所示。

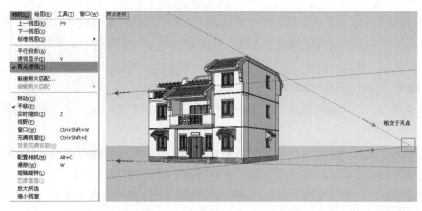

图 3-4

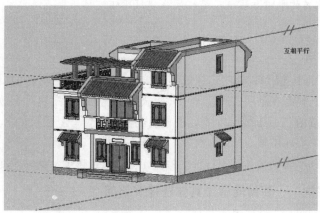

图 3-5

3.3 运用"漫游"工具栏查看

　　"漫游"工具栏包含了 3 个工具，分别为"相机位置"工具 ♟ 、"漫游"工具 👣 和"绕轴旋转"工具 👁 ，如图 3-6 所示。

3.3.1　相机位置

图 3-6

　　"相机位置"工具 ♟ 用于放置相机的位置，以控制视点的高度。放置了相机的位置后，在数值控制框中会显示视点的高度，用户可以输入自己需要的高度。

　　"相机位置"工具 ♟ 有两种不同的使用方法。如果只需要大致的人眼视角的视图，用鼠标单击的方法就可以了。

　　（1）鼠标单击：这个方法使用的是当前的视点方向，通过单击鼠标左键将相机放置在拾取的位置上，并设置相机高度为通常的视点高度。如果用户只需要人眼视角的视图，可以使用这种方法。

　　🛈 **技巧与提示**：如果是在平面上放置照相机，默认的视点方向是向上的，也就是一般情况下的北向。

（2）单击并拖曳：这个方法可以让用户准确地定位照相机的位置和视线。激活"相机位置"工具 后，单击鼠标左键不放确定相机（人眼）所在的位置，然后拖曳光标到需要观察的点再松开鼠标左键。

技巧与提示："相机位置"工具 与"相机"工具栏中的工具不同，在"相机"工具栏中，工具的主体是视图，而"相机位置"工具的主体是人，理解了这一点，可以更快地找到设置相机的方法。

在放置相机位置的时候，可以先使用"测量距离"工具 和数值控制框来绘制辅助线，这样有助于更精确地放置相机。

放置好相机后，会自动激活"绕轴旋转"工具 ，让用户可以从该点向四周观察。此时也可以再次输入不同的视点高度来进行调整。一般透视图视点高度设为 0.8~1.6m。0.8m 的视点高度好比用儿童的眼睛看建筑，这样显得建筑比较宏伟壮观。

3.3.2 漫游

"漫游"工具 可以让用户像散步一样地观察模型，并且还可以固定视线高度，然后让用户在模型中漫步。只有在激活"透视显示"模式的情况下，该工具才有效。

激活"漫游"工具 后，在绘图窗口的任意位置单击鼠标左键，将会放置一个十字符号 ，这是光标参考点的位置。如果按住鼠标左键不放并移动鼠标，向上、向下移动分别是前进和后退，向左、向右移动分别是左转和右转。距离光标参考点越远，移动速度越快。

课堂案例——使用漫游工具体验建筑空间

案例学习目标：体验漫游工具。

案例知识要点：使用漫游工具，并配合鼠标和键盘，完成场景的漫游体验。

光盘文件位置：光盘>第 3 章>课堂案例——使用漫游工具体验建筑空间。

（1）勾选"相机"菜单下的"透视显示"选项，如图 3-7 所示。

图 3-7

（2）激活"漫游"工具 ，然后输入视线高度值（1600mm）并按回车键确定，如图 3-8 所示。

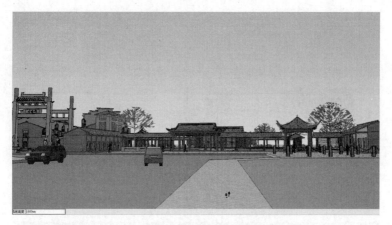

图 3-8

（3）接着按住鼠标中键的同时拖曳鼠标来调整视线的方向（上下左右皆可，仿佛转动头部的效果），此时鼠标指针会变为 👀 。图 3-9 所示为向上移动鼠标中键和向右移动鼠标中键的效果。

图 3-9

（4）按 Esc 键，取消视线的方向，鼠标回归为脚步状态 👣 。接下来就可以实现漫游了。按住鼠标左键进行自由移动，就好像在场景中自由行走一样，如图 3-10 所示。当然，这个过程也可以通过键盘的方向键进行控制，向上是前进，向下是后退，也可以左右移动。另外，在行走的过程中可以随时增加页面。

另外，在很多大场景中，可以配合 Ctrl 键加快漫游速度，实现"快速奔跑"的功能。

按住鼠标左键，向左前方移动，鼠标移动越快，漫游脚步离十字光标越远，漫游速度越快。

在行走的过程中，可以随时松开左键，让场景的材质可以显示出来，也可以在这时增加一个新的页面。如果想继续前行，按住左键继续移动鼠标即可。

图 3-10

如果在行走的过程中碰到了墙壁，光标会显示为 👤 ，表示无法通过，可以按住 Alt 键 "穿墙而过"。

注意：在进行漫游行走的过程中，尽量不要按 Shift 键，因为如果按住 Shift 键上下移动鼠标左键，就会以改变视线的高度，"上下飞行"。如果不小心改变了视线高度，在漫游过程中可以随时在数值控制框中重新输入原来的视线高度值即可。

激活 "实时缩放" 工具 🔍 后（快捷键为 Alt+Z），用户可以输入准确的数值设置透视角度和焦距。例如，输入 "60deg" 表示将视角设置为 60°，输入 "50mm" 表示将相机焦距设置为 50mm。

技术专题——关于相机焦距

相机焦距指的是从镜头的中心点到胶片平面上所形成的清晰影像之间的距离。以常用的 35mm 胶卷相机（也叫 135 相机）为例，标准镜头的焦距多为 40mm、50mm、55mm。以标准镜头的焦距为界，小于标准镜头焦距的称为广角镜头，大于标准镜头焦距的称为长焦镜头。

（1）标准镜头

标准镜头的镜头焦距为 40~60mm，标准镜头的视角约 50°，这是人在头和眼睛不转动的情况下单眼所能看见的视角。从标准镜头中观察的感觉与人们平时所见的景物基本一致。

很多人喜欢用标准镜头做效果图，其实不然。人在观察建筑的时候，头和眼睛都会动，而且是双眼观察，视角会更大。另外，人对建筑的观察并不像照相机那样单纯，而是将观察得到的图像在大脑中处理为全息图像。例如当一个人进入了一个房间，会自然地环顾四周，大脑中的图像是包含了整个房间的，并不会因为视角变大而产生透视变形。用一部傻瓜相机的取景窗观察一个建筑，与人眼观察作对比，可以发现还是有很大差别的，这里的关键是照相机模拟了人眼的构造，但无法模拟出人的大脑处理图像的能力。

（2）广角镜头

广角镜头又称为短焦距镜头，其摄影视角比较广，适于拍摄距离近且范围大的景物，有时用来夸大前景表现，特点是远近感以及透视变形强烈。典型广角镜头的焦距为 28mm、视角为 27°。常用的还有略长一些的 35mm、38mm 的所谓小广角。

比一般的广角镜头视角更大的是超广角镜头，如焦距为 24mm、视角达到 84°，以及所谓的鱼眼镜头，其焦距为 8mm、视角可达 180°。焦距越短，视角越大，透视变形越强烈。过短的焦距会使建筑严重变形，造成视觉上的误解。

（3）长焦镜头

长焦镜头又称为窄角镜头，适于拍摄远距离景物，相当于望远镜。长焦镜头通常分为 3 级，135mm 以下称为中焦距，如焦距为 85mm、视角为 28° 或者焦距为 105mm、视角为 23°，中焦距镜头经常用来拍摄人像，有时也称为人像镜头；135~500mm 称为长焦距，如焦距为 200mm、视角为 12° 或者焦距为 400mm、视角为 6°；500mm 以上的称为超长焦距镜头，其视角小于 5°，适于拍摄远处的景物（由于无法靠近远处的物体，超长焦距镜头就会发挥极大地作用）。

焦距越长，视角越小，也越能够将远处的物体拉近观察，同时透视也就越平缓，甚至趋近于立面效果。它的特点是景深小，视野窄，减弱画面的纵深和空间感，如果用来表现范围较大的场景环境，会产生类似于轴测图的效果。制作鸟瞰图的时候可以考虑使用长焦镜头。

经过长期实践，笔者建议在 SketchUp 中选择 28mm 左右的镜头焦距，这样既相对真实，又能表达建筑的宏伟挺拔。

图 3-11 所示为不同焦距下的效果对比。

镜头焦距 8mm（鱼眼镜头）

镜头焦距 28mm（广角镜头）

镜头焦距 35mm（标准镜头）

镜头焦距 50mm（标准镜头）

镜头焦距 135mm（长焦镜头）　　　　　　　　　　镜头焦距 500mm（长焦镜头）

图 3-11

3.3.3 绕轴旋转

"绕轴旋转"工具 👁 以相机自身为支点旋转观察模型，就如同人转动脖子四处观看。该工具在观察内部空间时特别有用，也可以在放置相机后用来查看当前视点的观察效果。

"绕轴旋转"工具 👁 的使用方法比较简单，只需激活后单击鼠标左键不放并进行拖曳即可观察视图。另外，通过在数值控制框中输入数值，可以指定视点的高度。

ⓘ **技巧与提示：**"绕轴旋转"工具 👁 是以视点为轴，相当于站在视点不动，眼睛左右旋转查看。而使用"转动"工具 ✋ 进行旋转查看是以模型为中心，相当于人绕着模型查看，这两者的查看方式不同。

3.4 课堂练习——调整场景的目标视图角度

练习知识要点：灵活使用"相机"工具、"视图"工具和鼠标，调整场景视图角度。如图 3-12 所示。

光盘文件位置：光盘>第 3 章>课堂练习——调整场景的目标视图角度。

图 3-12

3.5 课后习题——调整相机焦距

　　习题知识要点：了解相机焦距的原理，调整场景的相机焦距。将场景模型的相机焦距由 30 改成 60，如图 3-13 所示。

　　光盘文件位置：光盘>第 3 章>课后习题——调整相机焦距。

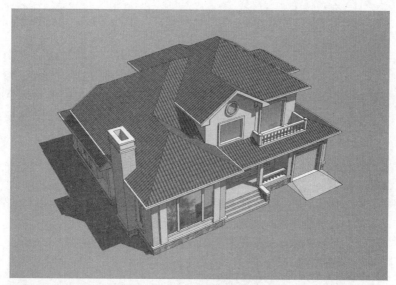

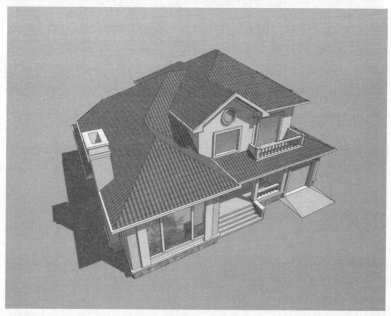

图 3-13

第**4**章

模型场景的风格样式

【本章导读】

SketchUp 可以对模型的边、线、面和周边环境进行设置，从而使其风格多变，容易打造独特的马克笔、彩签、钢笔画等不同手绘风格。同时，SketchUp 对场景光影的实时渲染也是其一大优势特征。本章将对模型场景的显示风格的设置进行讲解。

【要点索引】

- 了解 SketchUp 所拥有的不同风格样式
- 熟练掌握设置模型风格的方法
- 熟练掌握模型阴影的设置方法
- 了解创建天空、地面及雾效的方法

4.1 设置显示风格样式

SketchUp 包含很多种显示模式，主要通过"风格"编辑器进行设置。"风格"编辑器中包含了背景、天空、边线和表面的显示效果，通过选择不同的显示风格，可以让用户的图面表达更具艺术感，体现强烈的独特个性。

执行"窗口→风格"菜单命令即可调出"风格"编辑器，如图 4-1 所示。

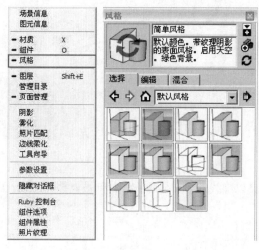

图 4-1

4.1.1 选择风格样式

SketchUp 8.0 自带了 7 个风格目录，分别是"混合风格"、"颜色集"、"默认风格"、"照片风格"、"素描边线"、"直线风格"和"Style Builder 比赛优秀作品"，用户可以通过单击风格缩略图将其应用于场景中。

⚠ 技巧与提示： 在进行风格预览和编辑的时候，SketchUp 只能自动存储自带的风格，在若干次选择和调整后，用户可能找不到过程中某种满意的风格。在此建议使用模板，不管是风格设置、模型信息或者系统设置都可以调好，然后生成一个惯用的模板（执行"文件→另存为模板"菜单命令），当需要使用保存的模板时，只需在向导界面中单击 选择模板 按钮进行选择即可。当然，也可以使用 Style Builder 软件创建自己的风格（该软件在安装 SketchUp 8.0 时会自动安装好），只需添加到 Styles 文件夹中，就可以随时调用。

4.1.2 编辑风格样式

1. 边线设置

在"风格"编辑器中单击"编辑"选项卡，即可看到 5 个不同的设置面板，其中最左侧的是"边线设置"面板，该面板中的选项用于控制几何体边线的显示、隐藏、粗细、颜色等，如图 4-2 所示。

显示边：开启此选项会显示物体的边线，关闭则隐藏边线，如图 4-3 所示。

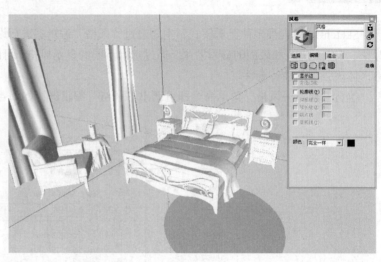

图 4-2 图 4-3

背面边线：开启此选项会以虚线的形式显示物体背部被遮挡的边线，关闭则隐藏，如图 4-4 所示。

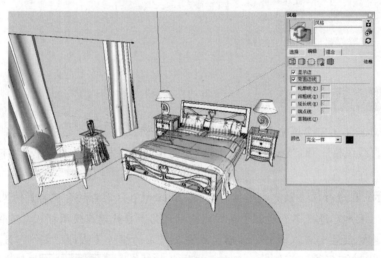

图 4-4

轮廓线：该选项用于设置轮廓线是否显示（借助于传统绘图技术，加重物体的轮廓线显示，突出三维物体的空间轮廓），也可以调节轮廓线的粗细，如图 4-5 所示。

深粗线：该选项用于强调场景中的物体前景线要强于背景线，类似于画素描时线条的强弱差别。离相机越近的深度线越强，越远的越弱。可以在数值框中设置深粗线的粗细，如图 4-6 所示。

延长线：该选项用于使每一条边线的端点都向外延长，给模型一个"未完成的草图"的感觉。延长线纯粹是视觉上的延长，不会影响边线端点的参考捕捉。可以在数值框中设置边线出头的长度，数值越大，延伸越长，如图 4-7 所示。

图 4-5

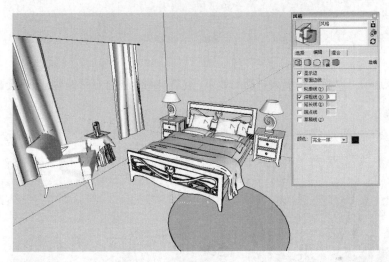

图 4-6

图 4-7

端点线：该选项用于使边线在结尾处加粗，模拟手绘效果图的显示效果。可以在数值框中设置端点线长度，数值越大，端点延伸越长，如图 4-8 所示。

图 4-8

草稿线：该选项可以模拟草稿线抖动的效果，渲染出的线条会有所偏移，但不会影响参考捕捉，如图 4-9 所示。

图 4-9

颜色：该选项可以控制模型边线的颜色，包含了 3 种颜色显示方式，如图 4-10 所示。

图 4-10

完全一样：用于使边线的显示颜色一致。默认颜色为黑色，单击右侧的颜色块可以为边线设置其他颜色，如图 4-11 所示。

按材质：可以根据不同的材质显示不同的边线颜色。如果选择线框模式显示，就能很明显地看出物体的边线是根据材质的不同而不同的，如图 4-12 所示。

按坐标轴：通过边线对齐的轴线不同而显示不同的颜色，如图 4-13 所示。

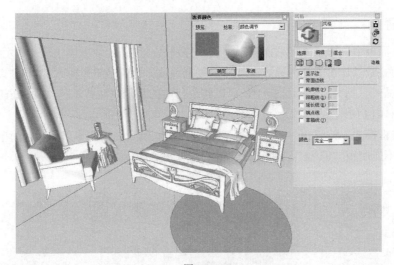

图 4-11

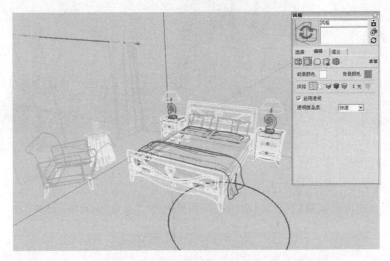

图 4-12

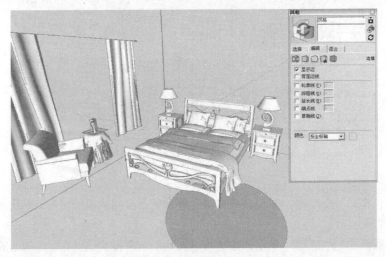

图 4-13

2. 面设置

"面设置"面板中包含了 6 种表面显示模式，分别是"显示为线框模式"、"显示为消隐模式"、"显示为着色模式"、"显示为贴图模式"、"显示着色一致（也就是单色模式）"和"以 X-Ray 模式显示（X 光模式）"。另外，在该面板中还可以修改材质的前景色和背景色（SketchUp 使用的是双面材质），如图 4-14 所示。

"显示为线框模式"按钮：单击该按钮将进入线框模式，模型将以一系列简单的线条显示，没有面，并且不能使用"推/拉"工具，如图 4-15 所示。

图 4-14

图 4-15

"显示为消隐模式"按钮：单击该按钮将以消隐线模式显示模型，所有的面都会有背景色和隐线，没有贴图。这种模式常用于输出图像进行后期处理，如图 4-16 所示。

图 4-16

"显示为着色模式"按钮：单击该按钮将会显示所有应用到面的材质，以及根据光源应用的颜色，如图 4-17 所示。

"显示为贴图模式"按钮：单击该按钮将进入贴图着色模式，所有应用到面的贴图都将被显示出来，如图 4-18 所示。在某些情况下，贴图会降低 SketchUp 操作的速度，所以在操作过程中也可以暂时切换到其他模式。

图 4-17

图 4-18

"显示着色一致"按钮 ![]: 在该模式下，模型就像线和面的集合体，跟消隐模式有点相似。此模式能分辨模型的正反面来默认材质的颜色，如图 4-19 所示。

图 4-19

"以 X-Ray 模式显示"按钮 ![icon]：X 光模式可以和其他模式联合使用，将所有的面都显示成透明，这样就可以透过模型编辑所有的边线，如图 4-20 所示。

图 4-20

3. 背景设置

在"背景设置"面板中可以修改场景的背景色，也可以在背景中展示一个模拟大气效果的天空和地面，并显示地平线，如图 4-21 所示。详见下一节设置天空、地面与雾效的讲解。

4. 水印设置

水印特性可以在模型周围放置 2D 图像，用来创造背景，或者在带纹理的表面上（如画布）模拟绘画的效果。放在前景里的图像可以为模型添加标签。"水印设置"面板如图 4-22 所示。

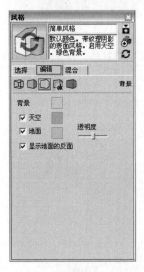

图 4-21   图 4-22

"增加水印"按钮 ⊕：单击该按钮可以增加水印。

"删除水印"按钮 ⊖：单击该按钮可以删除水印。

"编辑水印设置"按钮 ✿：单击该按钮可以对水印的位置、大小等进行调整。

"向下移动水印"按钮 ⬇️/"向上移动水印"按钮 ⬆️：这两个按钮用于切换水印图像在模型中的位置。

5. 模型设置

在"模型设置"面板中可以修改模型中的各种属性，如选定物体的颜色、被锁定物体的颜色等，如图 4-23 所示。

课堂案例——为模型添加水印

案例学习目标：为场景添加水印。

案例知识要点：使用""风格"编辑器，利用"水印设置"按钮为模型添加水印。

光盘文件位置：光盘>第 4 章>课堂案例——为模型添加水印。

（1）执行"窗口→风格"菜单命令，打开"风格"编辑器，展开"编辑"选项卡 编辑 ，单击"水印设置"面板 ，将弹出"选择水印"对话框。在该对话框中找到作为水印的图片，单击"打开"按钮，如图 4-24 所示。

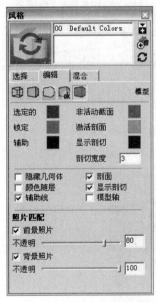
图 4-23

图 4-24

（2）此时水印图片出现在模型中，同时弹出"创建水印"对话框。在此点选"覆盖图"选项，然后单击"下一步"按钮，如图 4-25 所示。

（3）在"创建水印"对话框中会出现"使用高光创建蒙版水印"以及"改变图片透明度"的提示，在此我们不创建模板，将透明度的滑块移到最右端，不进行透明显示，然后单击"下一步"按钮，如图 4-26 所示。

（4）接下来会弹出"如何显示水印"的相关提示，在此点选"中心"选项，在右侧的定位按钮板上单击右下角的点，然后单击"完成"按钮，如图 4-27 所示。

（5）可以发现水印图片已经出现在界面的右下角，如图 4-28 所示。

🔔 **技巧与提示**：当移动模型视图的时候，水印图片的显示将保持不变，当然导出图片的时候水印也保持不变，这就为导出的多张图片增强了统一感。

图 4-25

图 4-26

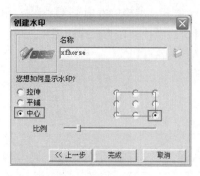

图 4-27

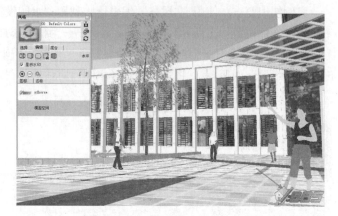

图 4-28

（6）如果对水印图片的显示不满意，可以单击"编辑水印设置"按钮 ，重新进行设置。图 4-29 所示为将水印进行缩小并平铺显示的效果。

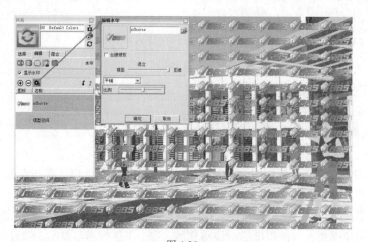

图 4-29

4.1.3   混合风格样式

这里举个例子来说明设置混合风格的方法。首先在"混合"选项卡的"选择"面板中选用一种风格（进入任意一个风格目录后，当鼠标指向各种风格时会变成吸取状态 ，单击即可吸取），然后匹配到"边线设置"中（鼠标指向"边线设置"选项后，会变成填充状态 ），接着再选取另一种风格匹配到"面设置"中，这样就完成了几种风格的混合设置，如图 4-30 所示。

图 4-30

4.2 阴影设置

4.2.1　阴影的设置

1．"阴影设置"对话框

在"阴影设置"对话框中可以控制 SketchUp 的阴影特性，包括时间、日期和实体的位置朝向，可以用页面来保存不同的阴影设置，以自动展示不同季节和时间段的光影效果。执行"窗口→阴影"菜单命令即可打开"阴影设置"对话框，如图 4-31 所示。

"显示/隐藏阴影"按钮 ：SketchUp 8.0 将原来版本的 ☑ 显示阴影 选项替换为此按钮，用于控制阴影的显示与隐藏。

UTC：翻译为中文叫做世界协调时间，又称世界统一时间、世界标准时间。

"隐藏/显示详细情况"按钮 ：该按钮用于隐藏或者显示扩展的阴影设置。

时间/日期：通过拖动滑块可以调整时间和日期，也可以在右侧的数值输入框中输入准确的时间和日期。阴影会随着日期和时间的调整而变化。

图 4-31

光线/明暗：调节光线可以调整模型本身表面的光照强度，调节明暗可以调整模型及阴影的明暗程度。

启用光影：勾选该选项可以在不显示阴影的情况下，仍然按照场景中的光照来显示物体各表面的明暗关系。

显示"表面/地面/边线"：勾选"表面"选项，则阴影会根据设置的光照在模型上产生投影，取消勾选则不会在物体表面产生阴影；勾选"地面"选项，显示地面投影会集中使用到用户的 3D

图像硬盘，将导致操作变慢；勾选"边线"选项，可以从独立的边线设置投影，不适用于定义表面的线，一般用不着该选项。

2. 阴影工具栏

执行"查看→工具栏→阴影"菜单命令即可打开"阴影"工具栏。在"阴影"工具栏中同样可以对阴影的常用属性进行调整，如打开"阴影设置"对话框、调整时间和日期等，如图 4-32 所示。

图 4-32

课堂案例——显示场景冬至日的阴影效果

案例学习目标：调整场景的阴影效果。

案例知识要点：利用"阴影设置"对话框调整日期和光线明暗。

光盘文件位置：光盘>第 4 章>课堂案例——显示场景特定日期的阴影效果。

打开场景模型。执行"窗口→阴影"菜单命令，打开"阴影设置"对话框，将世界标准时间调为 UTC-07：00，日期也进行调整，如设为 3 月 22 号，勾选"显示光影"，时间滑块、光影滑块和明暗滑块可自由拖动调整，场景中的光影效果会随之实时变化，如图 4-33 所示。

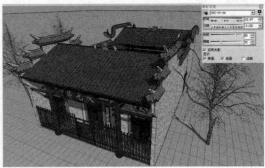

图 4-33

4.2.2 保存页面的阴影设置

利用页面标签可以勾选"Shadow Settings"选项，保存当前页面的阴影设置，以便在需要的时候随时调用，如图 4-34 所示。

4.2.3 阴影的限制与失真

图 4-34

1. 透明度与阴影

使用透明材质的表面要么产生阴影，要么不产生阴影，不会产生部分遮光的效果。透明材质产生的阴影有一个不透明度的临界值，只有不透明度在 70%以上的物体才能产生阴影，否则不能产生阴影。同样，只有完全不透明的表面才能接收投影，否则不能接收投影。

2. 地面阴影

地面阴影是由面组成的，这些面会遮挡位于地平面（z 轴负方向）

下面的物体，出现这种情况时，可将物体移至地面以上，如图 4-35 所示。

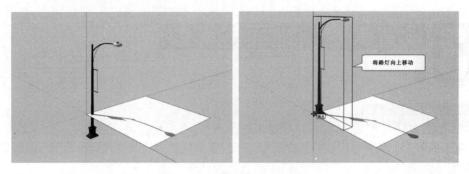

图 4-35

也可以在产生地面阴影的位置创建一个大平面作为地面接收投影，并在"阴影设置"对话框中关闭"地面"选项，如图 4-36 所示。

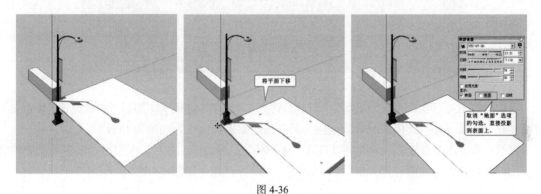

图 4-36

3．阴影的导出

阴影本身不能和模型一起导出。所有的二维矢量导出都不支持渲染特性，包括阴影、贴图、透明度等。能直接导出阴影的只有基于像素的光栅图像和动画。

4．阴影失真

有的时候，模型表面的阴影会出现条纹或光斑，这种情况一般与用户的 OpenGL 驱动有关。

SketchUp 的阴影特性对硬件系统要求较高，用户最好配置 100%兼容 OpenGL 硬件加速的显卡。通过"系统属性"对话框可以对 OpenGL 进行设置，如图 4-37 所示。

图 4-37

技巧与提示：如果修改时出现了不可预知的问题，请恢复至原来的设置。

4.3 设置天空、地面与雾效

4.3.1 设置天空与地面

在 SketchUp 中，用户可以在背景中展示一个模拟大气效果的渐变天空和地面，以及显示出地平线，如图 4-38 所示。

图 4-38

背景的效果可以在"风格"编辑器中设置，只需在"编辑"选项卡中单击"背景设置"按钮，即可展开"背景设置"面板，对背景颜色、天空和地面进行设置，如图 4-39 所示。

背景：单击该项右侧的色块，可以打开"选择颜色"对话框，在对话框中可以改变场景中的背景颜色，但是前提是取消对"天空"和"地面"选项的勾选，如图 4-40 所示。

图 4-39

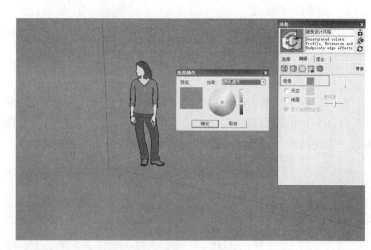

图 4-40

天空：勾选该选项后，场景中将显示渐变的天空效果。用户可以单击该项右侧的色块调整天空的颜色，选择的颜色将自动应用渐变，如图 4-41 所示。

地面：勾选该选项后，在背景处从地平线开始向下显示指定颜色渐变的地面效果。此时背景色会自动被天空和地面的颜色所覆盖，如图 4-42 所示。

"透明度"滑块：该滑块用于显示不同透明等级的渐变地面效果，让用户可以看到地平面以下的几何体。笔者建议在使用硬件渲染加速的条件下才使用该滑块。

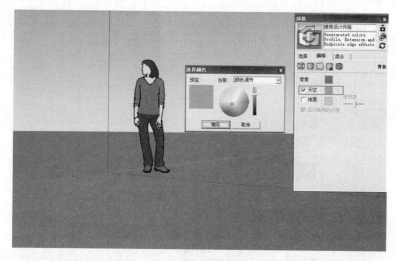

图 4-41

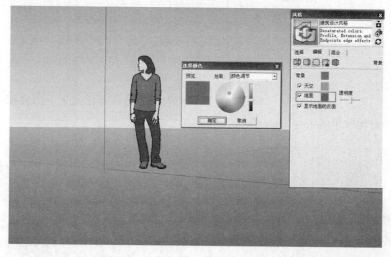

图 4-42

显示地面的反面：勾选该选项后，当照相机从地平面下方往上看时，可以看到渐变的地面效果，如图 4-43 所示。

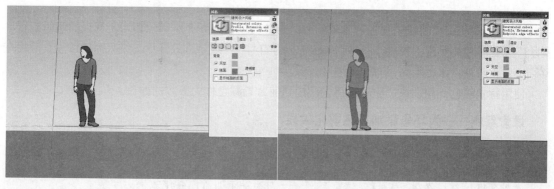

图 4-43

在 SketchUp 中可以为场景添加大雾环境的效果。执行"窗口→雾化"菜单命令即可打开"雾化"对话框，在该对话框中可以设置雾的浓度以及颜色等，如图 4-44 所示。

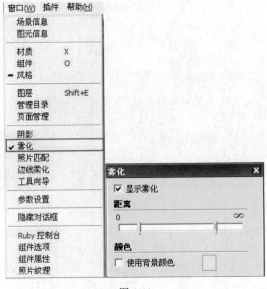

图 4-44

显示雾化：勾选该选项可以显示雾化效果，取消勾选则隐藏雾化效果。图 4-45 所示为显示雾化与取消雾化的对比效果。

图 4-45

"距离"滑块：该滑块用于控制雾效的距离与浓度。数字 0 表示雾效相当于视点的起始位置，滑块左移则雾效相对视点较近，右移则较远。无穷符号 ∞ 表示雾效开始与结束时的浓度，滑块左移则雾效相对视点浓度较高，右移则浓度较低。

使用背景颜色：勾选该选项后，将会使用当前背景颜色作为雾效的颜色。

课堂案例——为场景添加蓝色雾化效果

案例学习目标：使用雾化命令为场景添加雾化效果。

案例知识要点：使用"窗口→雾化"菜单命令，利用"雾化"对话框调整雾效。

光盘文件位置：光盘>第 4 章>课堂案例——为场景添加蓝色雾化效果。

（1）打开光盘中的场景文件，执行"窗口→雾化"菜单命令，如图 4-46 所示。

（2）弹出"雾化"对话框，勾选"显示雾化"选项，取消"使用背景颜色"选项，然后单击该选项右侧的色块，如图 4-47 所示。

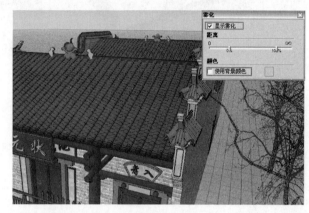

图 4-46　　　　　　　　　　　　　　　　　　　图 4-47

（3）在弹出的"选择颜色"编辑器中选择所需颜色即可，如图 4-48 所示。

（4）场景显示了该颜色的雾化效果，如图 4-49 所示。

图 4-48　　　　　　　　　　　　　　　　　　　图 4-49

4.4 课后习题——改变场景的显示风格

习题知识要点：运行 SketchUp，执行"文件→打开"菜单命令，打开配套光盘中的场景。结合上面讲解的设置场景风格的方法，将场景修改为如图 4-50 所示的风格。具体参数为：默认风格，显示边，轮廓线为 3，延长线为 8，端点线 5，开启阴影，阴影时间为 11 月 14 日，上午 10:00，光线为 60，明暗 50，背景 RGB 为 180、180、180。

光盘文件位置：光盘>第 4 章>课后习题——改变场景的显示风格。

图 4-50

第**5**章

基本图形的绘制

【本章导读】

　　SketchUp 的绘图操作非常简单，其绘图工具只有 6 个，分为 3 线 3 面，即"直线"工具、"圆弧"工具、"徒手画笔"工具、"矩形"工具、"圆"工具 和"多边形"工具，再复杂的模型都是由这几个基本绘制工具创建的基本要素组成的。

【要点索引】

- 掌握选择和删除图形的方法
- 熟练运用 6 个基本绘图工具绘制平面图形

5.1 选择图形与删除图形

5.1.1 选择图形

"选择"工具 用于给其他工具命令指定操作的实体，对于用惯了 AutoCAD 的人来说，可能会不习惯，建议将空格键定义为"选择"工具 的快捷键，养成用完其他工具之后随手按一下空格键的习惯，这样就会自动进入选择状态。

使用"选择"工具 选取物体的方式有 4 种：窗选、框选、点选以及使用鼠标右键关联选择。

1. 窗选

窗选的方式为从左往右拖动鼠标，只有完全包含在矩形选框内的实体才能被选中，选框是实线。

课堂案例——用窗选命令选择需要的几栋建筑

案例学习目标：使用鼠标完成窗选。

案例知识要点：从左向右拖动鼠标进行窗选。

光盘文件位置：光盘>第 5 章>课堂案例——用窗选命令选择需要的几栋建筑。

（1）打开配套光盘中的一个规划场景的模型，如图 5-1 所示。

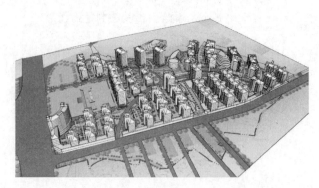

图 5-1

（2）接着用窗选命令选择小区中心处楼梯间为红色涂料的建筑，如图 5-2 所示。

图 5-2

技巧与提示：窗选命令常常用来选择场景中某几个的指定物体。

2. 框选

框选的方式为从右往左拖动鼠标，这种方式选择的图形包括选框内和选框所接触到的所有实体，选框呈虚线显示。

课堂案例——用框选命令选择场景中的所有物体

案例学习目标：使用鼠标完成框选。

案例知识要点：从右向左拖动鼠标进行框选。

光盘文件位置：光盘文件位置：光盘>第 5 章>课堂案例——用框选命令选择场景中的所有物体。

（1）打开配套光盘中的一个规划场景的模型，如图 5-3 所示。

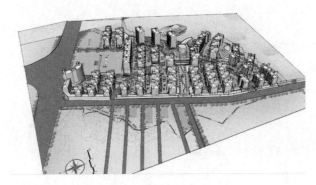

图 5-3

（2）接着用框选命令选择场景中的所有物体，如图 5-4 所示。

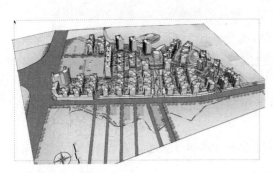 

图 5-4

技巧与提示：框选命令常常用来选择场景中的全部物体。

3. 点选

点选方式就是在物体元素上单击鼠标左键进行选择。在选择一个面时，如果双击该面，将同时选中这个面和构成面的线；如果在一个面上单击 3 次以上，那么将选中与这个面相连的所有面、线和被隐藏的虚线（组和组件不包括在内），如图 5-5 所示。

4. 右键关联选取

激活"选择"工具 ![icon] 后，在某个物体元素上单击鼠标右键，将会弹出一个快捷菜单，在快捷菜单的"选择"子菜单中可以进行扩展选择，如图 5-6 所示。

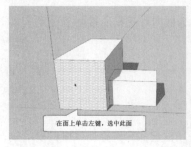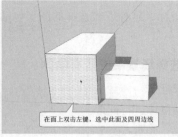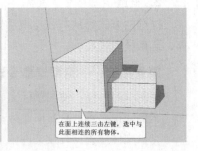

图 5-5

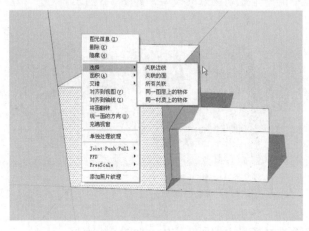

图 5-6

ⓘ 技巧与提示：使用"选择"工具 ▶ 并配合键盘上相应的按键也可以进行不同的选择。

（1）激活"选择"工具 ▶ 后，按住 Ctrl 键可以进行加选，此时鼠标指针的形状变为 ▶+。

（2）激活"选择"工具 ▶ 后，按住 Shift 键可以交替选择物体的加减，此时鼠标指针的形状变为 ▶±。

（3）激活"选择"工具 ▶ 后，同时按住 Ctrl 键和 Shift 键可以进行减选，此时鼠标指针的形状变为 ▶-。

（4）如果要选择模型中的所有可见物体，除了执行"编辑→全选"菜单命令外，还可以使用 Ctrl+A 组合键。

课堂案例——选择同一材质上的物体

案例学习目标：利用鼠标右键进行关联选择。

案例知识要点：右键单击物体，单击"选择→同一材质上的物体"命令。

光盘文件位置：光盘>第 5 章>课堂案例——选择同一材质上的物体。

（1）右键单击具有指定材质的一个面，如果要选择的面在组/组件内部，则需要双击鼠标左键进入组/组件内部进行选择，如图 5-7 所示。

（2）在右键关联菜单中单击"选择→同一材质上的物体"命令，那么具有相同材质的面都被选中，如图 5-8 所示。

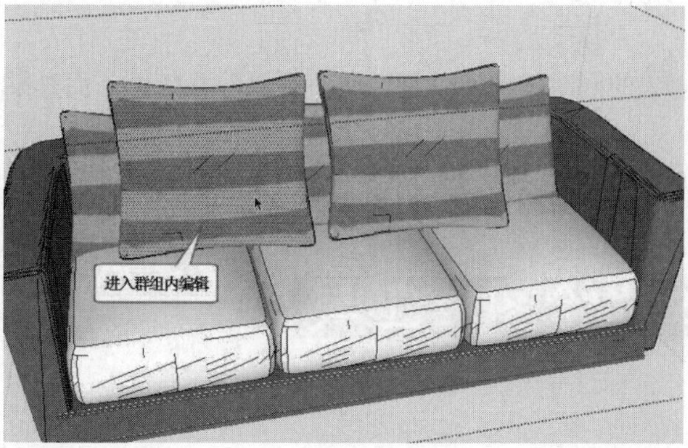

图 5-7

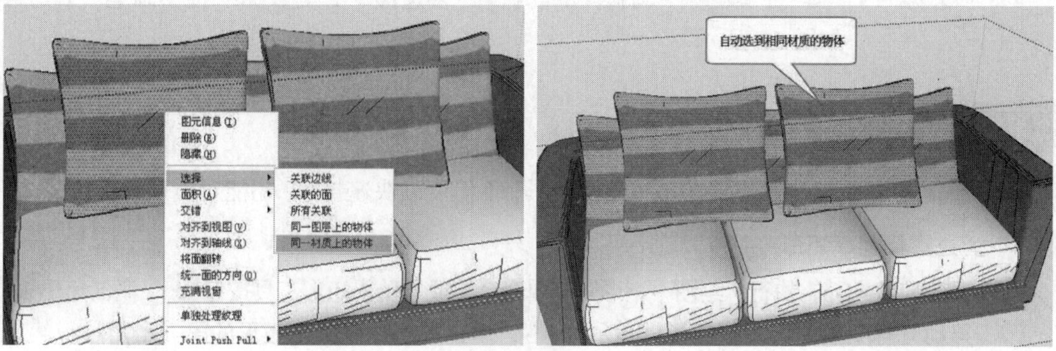

图 5-8

技巧与提示：在完成了模型又没有及时创建群组的情况下，使用该命令可以很容易地把相同的材质选择出来并将其群组，以便对材质等属性进行调整。

5.1.2　取消选择

如果要取消当前的所有选择，可以在绘图窗口的任意空白区域单击；也可以执行“编辑→取消选择”菜单命令。

5.1.3　删除图形

1．删除物体

激活“删除”工具后，单击想要删除的几何体即可将其删除。如果按住鼠标左键不放，然后在需要删除的物体上拖曳，此时被选中的物体会呈高亮显示，松开鼠标左键即可全部删除；如果偶然选中了不想删除的几何体，可以在删除之前按 Esc 键取消这次删除操作。

当鼠标移动过快时，可能会漏掉一些线，这时只需重复拖曳的操作即可。

如果是要删除大量的线，更快的做法是先用“选择”工具进行选择，然后按 Delete 键删除。

2．隐藏边线

使用“删除”工具的同时按住 Shift 键，将不再删除几何体，而是隐藏边线。

3. 柔化边线

使用"删除"工具 ✎ 的同时按住 Ctrl 键，将不再删除几何体，而是柔化边线。

4. 取消柔化效果

使用"删除"工具 ✎ 的同时按住 Ctrl 键和 Shift 键就可以取消柔化效果。

5.2 基本"绘图"工具

图 5-9

"绘图"工具栏包含了 6 个工具，分别为"矩形"工具 ▣、"线"工具 ✎、"圆"工具 ⬤、"圆弧"工具 ◖、"多边形"工具 ▼ 和"徒手画笔"工具 ⌇，如图 5-9 所示。

5.2.1 "矩形"工具

矩形工具是 SketchUp 最重要的基本绘图工具，不但可以快速封面，还能对模型进行快速分割。

1. 通过鼠标创建矩形

（1）运行 SketchUp，执行"绘图→矩形"菜单命令，或者单击矩形工具按钮 ▣，激活矩形工具。

（2）移动光标至绘图区，鼠标指针显示为 ✎，单击鼠标左键确定矩形的第一个角点，然后拖动鼠标确定矩形的对角点，即可创建出一个矩形表面，如图 5-10 所示。

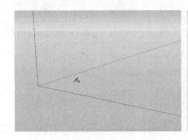 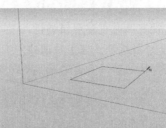 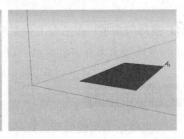

图 5-10

2. 通过输入参数创建精确尺寸的矩形

绘制矩形时，它的尺寸会在数值控制框中动态显示，用户可以在确定第一个角点或者刚绘制完矩形后，通过键盘输入精确的尺寸。除了输入数字外，用户还可以输入相应的单位，如英制的 (1'6") 或者 mm、m 等，如图 5-11 所示。

课堂案例——创建一个长 500mm，宽 300mm 的矩形面

案例学习目标：输入参数创建精确尺寸的矩形

案例知识要点：在绘制矩形时通过键盘输入"500mm,300mm"，最后按 Enter 键

光盘文件位置：光盘>第 5 章>课堂案例——创建一个长 500mm，宽 300mm 的矩形面

（1）激活矩形命令，将鼠标置于绘图区单击确定矩形的第一个角点，如图 5-11 所示。

（2）拖动鼠标，利用键盘输入"500mm,300mm"，在绘图区的数值控制框中此数值将被同步显示出来，如图 5-12 所示。

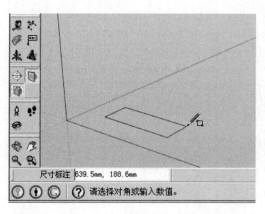

图 5-11

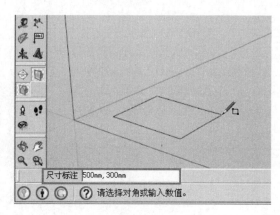

图 5-12

（3）按 Enter 键，矩形绘制完成，如图 5-13 所示。

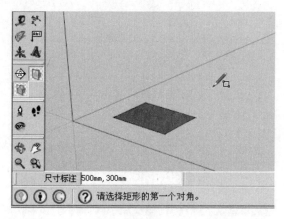

图 5-13

技巧与提示：没有输入单位时，SktechUp 会使用当前默认的单位。

3．根据提示创建矩形

在绘制矩形的时候，如果出现了一条虚线，并且带有"平方"提示，则说明绘制的为正方形；如果出现的是"黄金分割"的提示，则说明绘制的矩形长宽符合黄金分割比例，如图 5-14 所示。

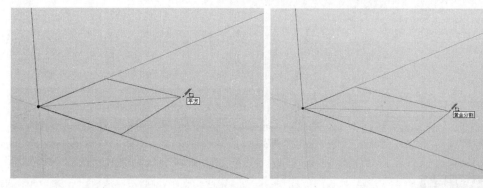

图 5-14

4．绘制立面矩形

（1）激活矩形命令，在绘图区内单击确定矩形的第一个角点，如图 5-15 所示。

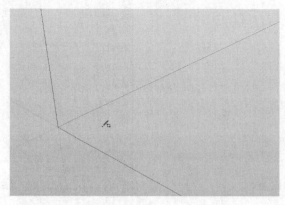

图 5-15

（2）按住鼠标中键，将视图旋转至 xz 平面，再单击鼠标左键，完成平行于 y 轴的竖向平面，如图 5-16 所示。

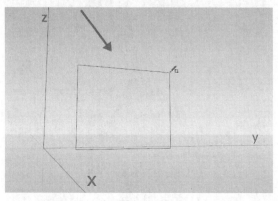

图 5-16

（3）将视图旋转到 yz 平面，单击鼠标左键，完成平行于 x 轴的竖向平面，如图 5-17 所示。

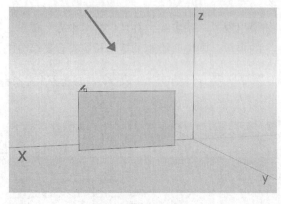

图 5-17

5.2.2 "线"工具

"线"工具可以用来绘制单段直线、多段连接线和闭合的形体，也可以用来分割表面或修复被删除的表面，是最为常用的工具。

1．通过鼠标绘制直线

（1）运行 SketchUp，执行"绘图→直线"菜单命令，或者单击"线"工具按钮 ，激活"线"工具。

（2）移动光标至绘图区，鼠标指针显示为 ，单击鼠标左键确定直线的起点，然后拖动鼠标确定线的端点，即可创建出一条直线，如图 5-18 所示。

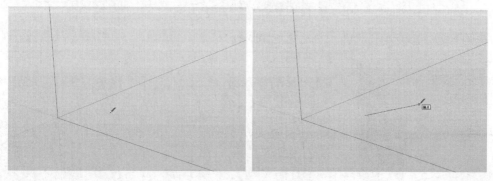

图 5-18

2．通过输入参数绘制精确长度的直线

（1）通过数值控制框输入线的长度

同"矩形"工具 一样，使用"线"工具 绘制线时，线的长度会在数值控制框中显示，用户可以在确定线段终点之前或者完成绘制后输入一个精确的长度，如图 5-19 所示。

（2）输入线的空间坐标

在 SketchUp 中绘制直线时，除了可以输入长度外，还可以输入线段终点的准确空间坐标。输入的坐标有两种，一种是绝对坐标，另一种是相对坐标。

绝对坐标：用中括号输入一组数字，表示以当前绘图坐标轴为基准的绝对坐标，格式为$[x, y, z]$。

相对坐标：用尖括号输入一组数字，表示相对于线段起点的坐标，格式为$<x, y, z>$。

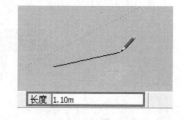

图 5-19

3．根据提示绘制直线

利用 SketchUp 强大的几何体参考引擎，用户可以使用"线"工具 直接在三维空间中绘制。在绘图窗口中显示的参考点和参考线，表达了要绘制的线段与模型中几何体的精确对齐关系，如"平行"或"垂直"等；如果要绘制的线段平行于坐标轴，那么线段会以坐标轴的颜色亮显，并显示"在红色轴上"、"在绿色轴上"或"在蓝轴上"的提示，如图 5-20 所示。

有的时候，SketchUp 不能捕捉到需要的对齐参考点，这是因为捕捉的参考点可能受到了别的几何体干扰，这时可以按住 Shift 键来锁定需要的参考点。例如，将鼠标指针移动到一个表面上，当显示"在表面上"的提示后按住 Shift 键，此时线条会变粗，并锁定在这个表面所在的平面上，如图 5-21 所示。

4．分割直线

如果在一条线段上拾取一点作为起点绘制直线，那么这条新绘制的直线会自动将原来的线段从交点处断开，如图 5-22 所示。

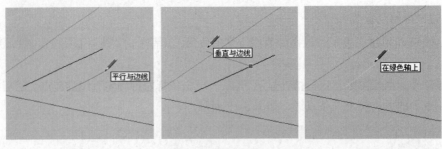

图 5-20

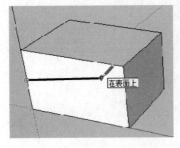

图 5-21

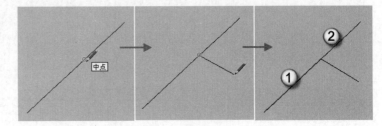

图 5-22

线段可以等分为若干段。在线段上单击鼠标右键，然后在弹出的快捷菜单中执行"等分"命令，接着移动鼠标，系统将自动参考不同等分段数的等分点（也可以直接输入需要等分的段数），完成等分后，单击线段查看，可以看到线段被等分成几个小段，如图 5-23 所示。

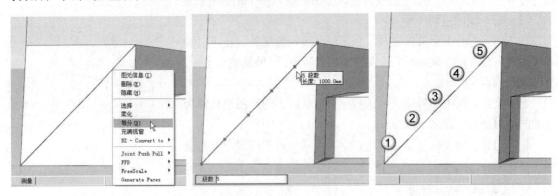

图 5-23

5．分割表面

如果要分割一个表面，只需绘制一条端点位于表面周长上的线段即可，如图 5-24 所示。

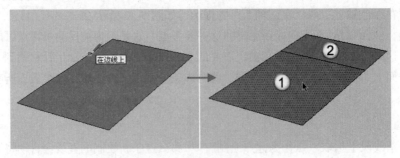

图 5-24

有时候, 交叉线不能按照用户的需要进行分割, 如分割线没有绘制在表面上。在打开轮廓线的情况下, 所有不是表面周长一部分的线都会显示为较粗的线。如果出现这样的情况, 可以使用 "线" 工具 在该线上绘制一条新的线来进行分割。SketchUp 会重新分析几何体并整合这条线, 如图 5-25 所示。

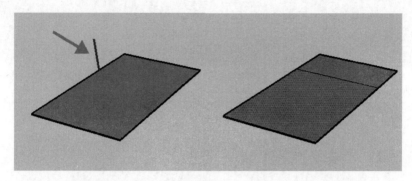

图 5-25

6. 利用直线绘制平面

3 条以上的共面线段首尾相连就可以创建一个面, 在闭合一个表面时, 可以看到 "端点" 提示。如果是在着色模式下, 成功创建一个表面后, 新的面就会显示出来, 如图 5-26 所示。

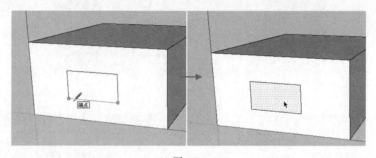

图 5-26

5.2.3 "圆" 工具

1. 创建圆形

(1)运行 SketchUp, 执行 "绘图→圆形" 菜单命令, 或者单击 "圆" 工具按钮 , 激活 "圆" 工具。

(2)移动光标至绘图区, 鼠标指针显示为 , 单击鼠标左键确定圆的中心, 然后拖动鼠标, 可以调整圆的半径, 单击鼠标左键, 即可完成圆形的创建。

(3)半径值会在数值控制框中动态显示, 可以直接通过键盘输入一个半径值(如 500mm), 接着按 Enter 键, 完成圆的绘制, 如图 5-27 所示。

2. 绘制倾斜的圆形

(1)如果要将圆绘制在已经存在的表面上, 可以将光标移动到那个面上, SketchUp 会自动将圆进行对齐, 如图 5-28 所示。

(2)要绘制与斜面平行的圆形, 可以在激活圆工具后, 移动光标至斜面, 出现 "在表面上" 的提示时，什么也不做，按住 Shift 键的同时移动光标到其他位置绘制圆，那么这个圆会被锁定与在刚才那个表面平行的面上，如图 5-29 所示。

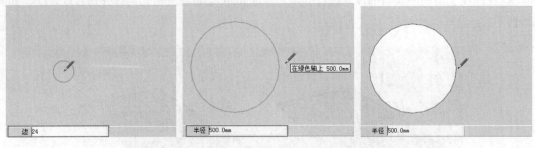

图 5-27

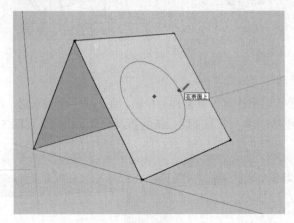

图 5-28

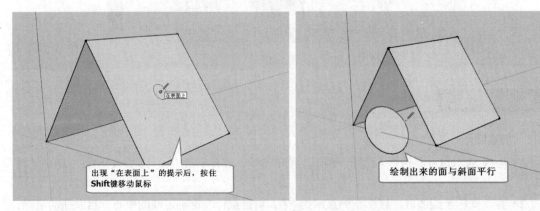

图 5-29

3．分割及封面

一般完成圆的绘制后便会自动封面，如果将面删除，就会得到圆形边线。

如果想要对单独的圆形边线进行封面，可以使用"直线"工具 ✎ 连接圆上的任意两个端点，如图 5-30 所示。

4．修改圆的属性

在圆的右键菜单中执行"图元信息"命令可以打开"图元信息"浏览器，在其中可以修改圆的参数，其中"段数"表示圆的半径、"片段"表示圆的边线段数、"长度"表示圆的周长，如图 5-31 所示。

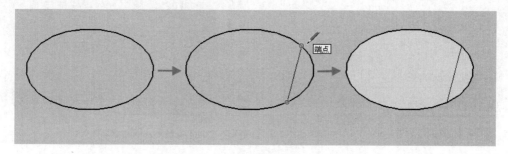

图 5-30

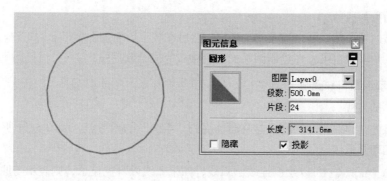

图 5-31

(!) 技巧与提示：——修改圆或圆弧的半径

　　使用"圆"工具 ⬤ 绘制的圆，实际上是由直线段围合而成的。圆的片段数较多时，曲率看起来就比较平滑。但是，较多的片段数会使模型变得更大，从而降低系统性能。其实较小的片段数值结合柔化边线和平滑表面也可以得到圆润的几何体外观。

5.2.4　"圆弧"工具

1．创建圆弧

　　（1）运行 SketchUp，执行"绘图→圆弧"菜单命令，或者单击"圆弧"工具按钮 ⌒，激活"圆弧"工具。

　　（2）移动光标至绘图区，鼠标指针显示为 ⟋，单击鼠标左键确定圆弧的起点，然后拖动鼠标，可以调整圆弧的弦长，单击鼠标左键（也可以通过键盘输入数值，按 Enter 键）确定弦长，如图 5-32 所示。也可以输入负值，表示要绘制的圆弧在当前方向的反向位置，如输入(-200)。

　　（3）接着凸出距离会在数值控制框中动态显示，可以直接通过键盘输入一个精确值（如 284.3mm），然后按 Enter 键，完成圆弧的绘制，如图 5-33 所示。

2．圆弧的其他参数设置

（1）指定圆弧的半径

　　在确定了圆弧弦长以后，在输入的数值后面加上字母 r（如 600r），然后按回车确认，即可绘制一条半径为 600 的圆弧。当然，也可以在绘制圆弧的过程中或完成绘制后输入。

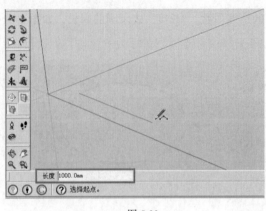

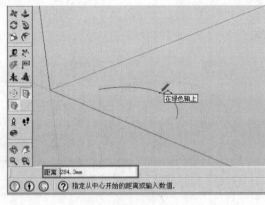

图 5-32   图 5-33

（2）指定圆弧片段数

要指定圆弧的片段数，可以输入一个数字，然后在数字后面加上字母 s（如 12s），然后按回车确认。当然输入片段数也可以在绘制圆弧的过程中或完成绘制后输入。

3．根据提示绘制特殊圆弧

（1）绘制半圆弧线

在调整圆弧的凸出距离时，圆弧会临时捕捉到"半圆"的参考点，如图 5-34 所示。

（2）绘制相切圆弧线

使用"圆弧"工具 可以绘制连续圆弧线，如果弧线以青色显示，则表示与原弧线相切，出现的提示为"正切到顶点"，如图 5-35 所示。绘制好这样的异形弧线以后，可以进行推拉，形成特殊形体。

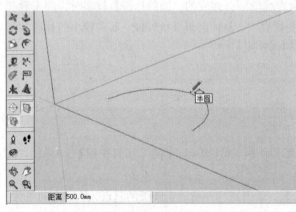

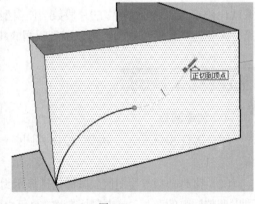

图 5-34   图 5-35

⚑ **技巧与提示**：绘制弧线（尤其是连续弧线）的时候常常会找不准方向，可以通过设置辅助面，然后在辅助面上绘制弧线来解决。

5.2.5 "多边形"工具

利用"多边形"工具 工具可以绘制 3 条边以上的正多边形实体，其绘制方法与绘制圆形的方法相似，在此不做赘述。

课堂案例——使用"多边形"工具绘制六边形

案例学习目标：使用"多边形"工具绘多边形。

案例知识要点：单击"多边形"工具，确定中心点后通过键盘输入"边数 S"。

光盘文件位置：光盘>第 5 章>课堂案例——使用"多边形"工具绘制六边形。

（1）单击"多边形"工具 ▼，在绘图区单击确定多边形的中心，接着在输入框中输入"6S（边数），然后单击鼠标左键确定圆心的位置，如图 5-36 所示。

（2）移动鼠标调整圆的半径，半径值会在数值控制框中动态显示。也可以直接输入一个半径值，如 1500mm，如图 5-37 所示。

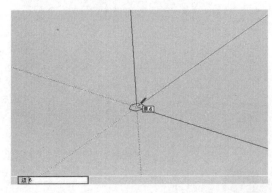

图 5-36

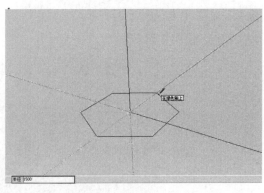

图 5-37

（3）再次单击鼠标左键，即可完成六边形的绘制，如图 5-38 所示。

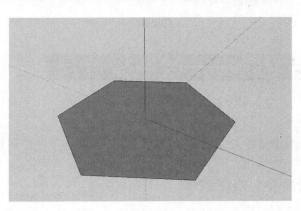

图 5-38

5.2.6 "徒手画笔"工具

利用"徒手画笔"工具 🖉 可以绘制不规则的共面的连续线段或简单的徒手草图物体，常用于绘制等高线或有机体。

（1）运行 SketchUp，执行"绘图→徒手画"命令，或者单击"徒手画笔"工具按钮 🖉，激活"徒手画笔"工具，如图 5-39 所示。

（2）移动光标至绘图区，鼠标指针显示为 🖉，单击鼠标左键确定徒手线的起点，然后保持鼠标左键为按下的状态拖动鼠标，松开鼠标左键，完成徒手线的创建，如图 5-40 所示。

（3）如果鼠标拖动到徒手线的起点，则自动生成由徒手线构成的不规则封闭的平面，如图 5-41

所示。

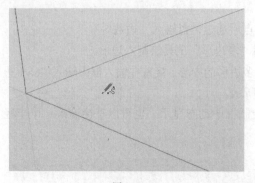

图 5-39

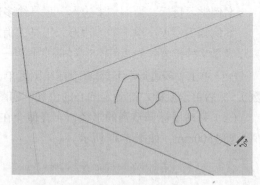

图 5-40

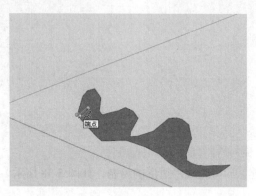

图 5-41

5.3 课后习题——绘制模度尺

习题知识要点：配合键盘输入，使用线、圆弧、徒手画笔等工具绘制精确长度的图形，如图 5-42 所示。

光盘文件位置：光盘>第 5 章>课后习题——绘制模度尺。

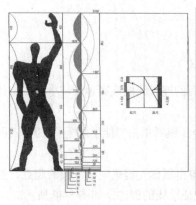

图 5-42

第6章 基本编辑工具

【本章导读】

在第 5 章我们学会了平面基础图形的绘制方法，本章将利用基本编辑工具对点、线、面等基本元素进行编辑，包括推拉、移动、复制、缩放、旋转、路径跟随、偏移等操作。同时，对直接涉及基本图形元素的一些编辑操作进行讲解，如柔化、测量、标注、辅助线的利用等。

【要点索引】

- 熟练掌握基本编辑工具，如推拉、移动、复制、偏移、缩放等工具的使用
- 了解模型交错命令的使用
- 掌握柔化边线的方法
- 了解照片匹配功能
- 掌握模型的测量和标注方法
- 了解辅助线的使用及管理方法

6.1 面的"推/拉"

"推/拉"工具 ⬇ 可以用来扭曲和调整模型中的表面，不管是进行体块编辑还是精确建模，该工具都是非常有用的。

1. 推拉单个面

（1）运行 SketchUp，执行"工具→推/拉"菜单命令，或者单击推/拉工具按钮 ⬇ ，激活推拉工具。

（2）移动光标至表面，鼠标指针变为 ⬇ ，即可对面进行推、拉、挤压等操作，如图 6-1 所示。

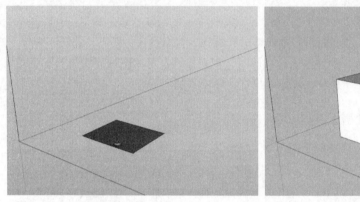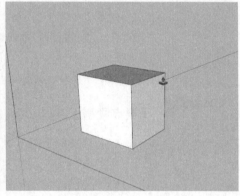

图 6-1

使用"推/拉"工具 ⬇ 推拉平面时，推拉的距离会在数值控制框中显示。用户可以在推拉的过程中或完成推拉后输入精确的数值进行修改，在进行其他操作之前可以一直更新数值。如果输入的是负值，则表示将往当前的反方向推拉。

2. 重复推拉操作

将一个面推拉一定的高度后，如果在另一个面上双击鼠标左键，则该面将拉伸同样的高度，如图 6-2 所示。

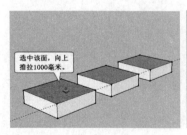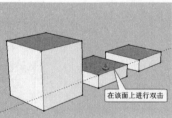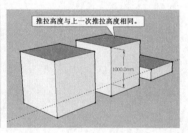

图 6-2

3. 对多个面进行推拉

同时选中所有需要拉伸的面，然后使用"推/拉"工具 ⬇ 进行拉伸，如图 6-3 所示。

图 6-3

4. 配合 Ctrl 键推拉

使用"推/拉"工具 并配合 Ctrl 键可以在推拉的时候生成一个新的面（按下 Ctrl 键后，鼠标别针的右上角会多出一个"+"号），如图 6-4 所示。

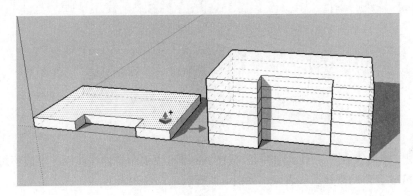

图 6-4

5. 配合 Alt 键推拉

使用"推/拉"工具 并配合 Alt 键可以强制表面在垂直方向上推拉，否则会挤压出多余的模型，如图 6-5 所示。

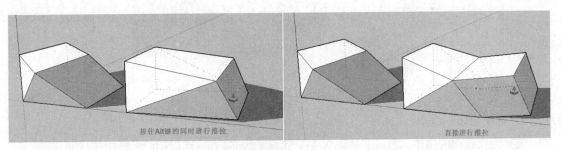

图 6-5

6.2 物体的"移动/复制"

"移动/复制"工具 可以移动、拉伸和复制几何体，也可以用来旋转组件，并且移动工具的扩展功能也非常有用。

1. 移动点、线、面

（1）运行 SketchUp，执行"工具→移动"菜单命令，或者单击"移动/复制"工具按钮 ，激活移动工具。

（2）在移动到物体的点、边线和表面时，这些对象即被激活。移动鼠标，对象的位置就会改变，如图 6-6 所示。

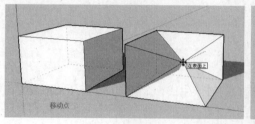
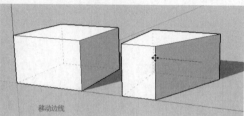
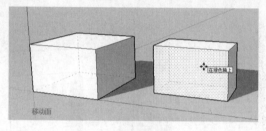

图 6-6

（3）使用"移动/复制"工具 的同时按住 Alt 键可以强制拉伸线或面，生成不规模几何体，也就是 SketchUp 会自动折叠这些表面，如图 6-7 所示。

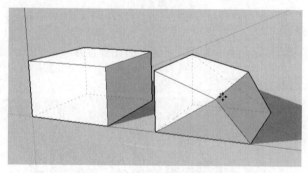

图 6-7

2. 移动物体

选择需要移动的物体，激活"移动/复制"工具 ，接着移动鼠标即可将物体移动。

在移动物体时，会出现一条参考线；另外，在数值控制框中会动态显示移动的距离，也可以输入移动数值或者三维坐标值进行精确移动。

在进行移动操作之前或移动的过程中，可以按住 Shift 键来锁定参考。这样可以避免参考捕捉受到别的几何体干扰。

3. 移动复制物体

（1）选择物体，激活移动工具，在移动对象的同时按住 Ctrl 键，鼠标指针右上角会多出一个"+"号 。

（2）在移动物体上单击，确定移动起点，拖动鼠标，即可移动物体。

（3）完成一个对象的复制后，如果在数值控制框中输入"3/"并按 Enter 键，会在复制间距内等距离复制 3 份；如果输入"3*"或"3X"并按 Enter 键，将会以复制的间距阵列 3 份，如图 6-8 所示。

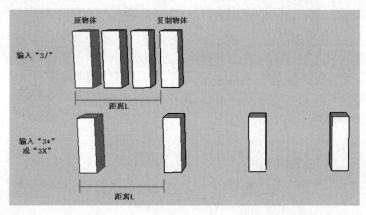

图 6-8

课堂案例——创建办公桌

案例学习目标：灵活运用"推/拉"命令。

案例知识要点：使用"推/拉"工具和"移动/复制"工具。

光盘文件位置：光盘>第 6 章>课堂案例——创建办公桌。

（1）首先用矩形工具绘制 660mm×400mm 的矩形，如图 6-9 所示。

（2）用"推/拉"工具将其推拉 50mm 的高度，如图 6-10 所示。

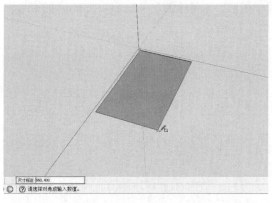

图 6-9

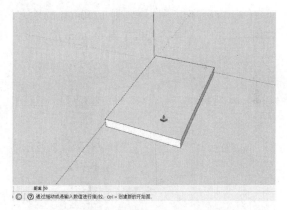

图 6-10

（3）在体块的上方用相似的方法绘制出长度、宽度和高度分别为 440mm、700mm、630mm 的正方体，如图 6-11 所示。

（4）在体块的侧面上用"矩形"工具、"推/拉"工具绘制出 400×180×20 的抽屉，单击"制作组件"工具按钮，将其制作成组件，如图 6-12 所示。

（5）选择抽屉组件，激活移动工具并按住 Ctrl 键，将其向下复制。通过键盘在数值控制框中输入 200mm，按回车键确认，再输入"2*"，完成抽屉的复制，如图 6-13 所示。

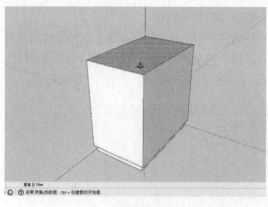

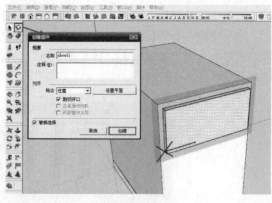

图 6-11 　　　　　　　　　　　　　　　　　　图 6-12

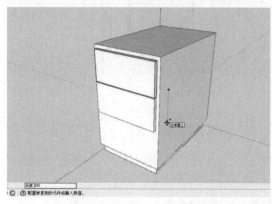

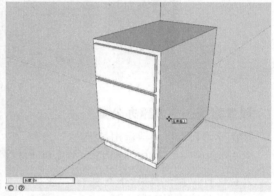

图 6-13

（6）双击抽屉的组件，进入内部编辑，在抽屉的上部推拉出一个拉槽，如图 6-14 所示。

（7）在距离柜子体块右侧 1250mm 的地方，用"矩形"工具绘制出 40mm×700mm 的矩形，并用"推/拉"工具将其推拉出 680mm 的高度，如图 6-15 所示。

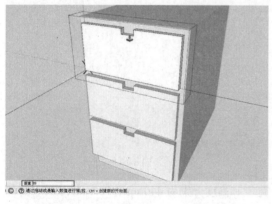

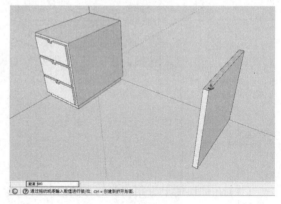

图 6-14 　　　　　　　　　　　　　　　　　　图 6-15

（8）激活"移动/复制"命令，按住 Ctrl 键，将顶部的线向下复制一份，输入"40mm"，按回车键确认，如图 6-16 所示。

（9）然后用"推/拉"工具将左侧面向左推拉 400mm 的长度，如图 6-17 所示。

（10）在柜子的上表面用"矩形"工具绘制出 160mm×250mm 的矩形，并用"推/拉"工具将其推拉出 30mm 的厚度，将其制作成组件，并复制一个到另外一侧，如图 6-18 所示。

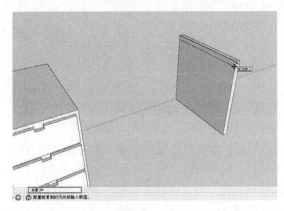

图 6-16

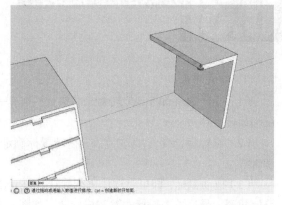

图 6-17

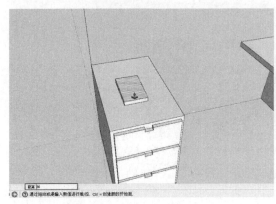

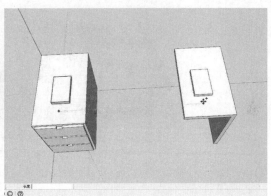

图 6-18

（11）用"矩形"工具绘制出 1700mm×700mm 的桌面，并用"推/拉"工具推拉出 40mm 的厚度，将其制作成组件，如图 6-19 所示。

（12）用"矩形"工具以及"推/拉"工具绘制出桌子背面护栏的部分，长、宽及厚度尺寸为 1220mm×300mm×30mm，内部为 1180mm×70mm 的孔洞，办公桌模型创建完成，如图 6-20 所示。

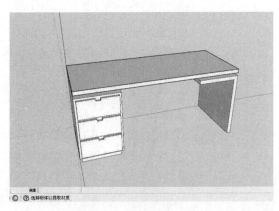

图 6-19

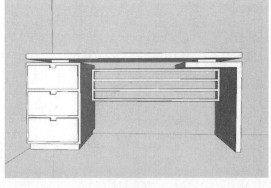

图 6-20

6.3 物体的"旋转"

1. 旋转对象

（1）打开 SketchUp，旋转对象，执行"工具→旋转"菜单命令，或单击"旋转"工具按钮 ，激活旋转工具。

（2）鼠标指针变为 ，拖动鼠标确定旋转平面，然后单击鼠标左键，确定旋转轴心点和轴线。

（3）拖动鼠标，即可对物体进行旋转。为了确定旋转角度，可以观察数值框数值或者直接输入旋转角度，最后单击鼠标左键完成旋转，如图 6-21 所示。

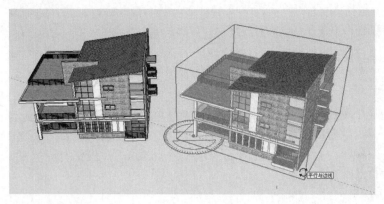

图 6-21

技巧与提示：利用 SketchUp 的参考提示可以精确定位旋转中心。如果开启了"角度捕捉"功能，将会根据设置好的角度进行旋转，如图 6-22 所示。

2. 不规则旋转

使用"旋转"工具 只旋转某个物体的一部分时，可以将该物体进行拉伸或扭曲，如图 6-23 所示。

图 6-22

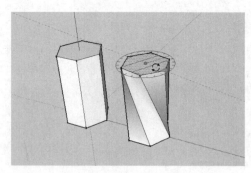

图 6-23

3．旋转复制物体

使用"旋转"工具 并配合 Ctrl 键可以在旋转的同时复制物体。例如，在完成一个圆柱体的旋转复制后，如果输入"9*"或者"9X"就可以按照上一次的旋转角度将圆柱体复制 8 个，如图 6-24 所示。

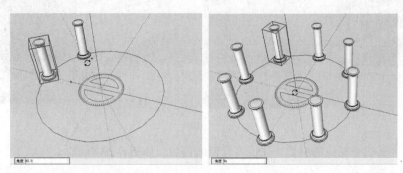

图 6-24

假如在完成圆柱体的旋转复制后，输入"2/"，那么就可以在旋转的角度内再复制 2 份，如图 6-25 所示。

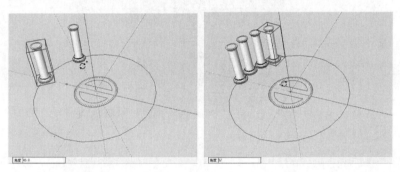

图 6-25

课堂案例——创建百叶窗

案例学习目标：灵活运用"旋转"命令。

案例知识要点：使用"矩形"、"推/拉"、"旋转"、"移动/复制"工具。

光盘文件位置：光盘>第 6 章>课堂案例——创建百叶窗。

（1）打开书中配套光盘中的场景文件，首先用"矩形"工具以及"推/拉"工具创建一个百叶片，如图 6-26 所示。

（2）用"旋转"工具 将百叶旋转 45°，如图 6-27 所示。

图 6-26

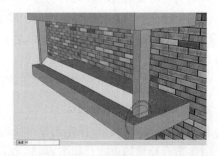

图 6-27

（3）用"移动"工具 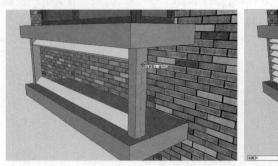 配合 Ctrl 键将其向上复制相应的份数，如图 6-28 所示。

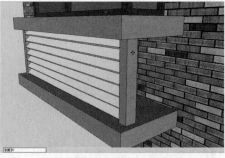

图 6-28

（4）最后为其赋予相应的材质，完成百叶窗的创建，如图 6-29 所示。

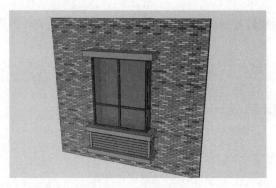

图 6-29

6.4 图形的"路径跟随"

SketchUp 中的"路径跟随"命令类似于 3ds Max 中的放样命令，可以将截面沿已知路径放样，从而创建复杂几何体。

1．沿路径手动挤压成面

（1）确定需要修改的几何体的边线，这个边线就叫做"路径"。

（2）绘制一个沿路径放样的剖面，确定此剖面与路径垂直相交，如图 6-30 所示。

（3）使用"路径跟随"工具 单击剖面，然后沿路径移动鼠标，此时边线会变成红色，如图 6-31 所示。

（4）移动鼠标到达路径的尽头时，单击鼠标完成操作，如图 6-32 所示。

2．预先选择连续边线路径

使用"选择"工具 预先选择路径，可以帮助"路径跟随"工具 沿正确的路径放样。

（1）选择连续的边线，如图 6-33 所示。

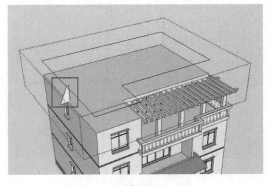

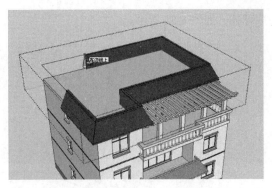

图 6-30　　　　　　　　　　　　　　　　　图 6-31

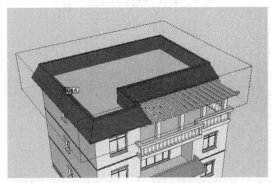

图 6-32

（2）激活"路径跟随"工具 ，如图 6-34 所示。

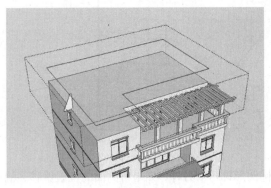
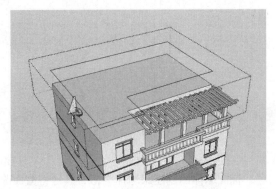

图 6-33　　　　　　　　　　　　　　　　　图 6-34

（3）单击剖面，该面将会一直沿预先选定的路径进行挤压，十分方便，如图 6-35 所示。

3．自动沿某个面路径挤压

（1）选择一个与剖面垂直的面，如图 6-36 所示。

（2）激活"路径跟随"工具 并按住 Alt 键，然后单击剖面，该面将会自动沿设定面的边线路径进行挤压，如图 6-37 所示。

4．创建球体

创建球体的方法与上述类似。首先绘制两个互相垂直的同样大小的圆，然后将其中的一个圆的面删除只保留边线，接着选择这条边线，并激活"路径跟随"工具 ，最后单击平面圆的面，生成球体，如图 6-38 所示。

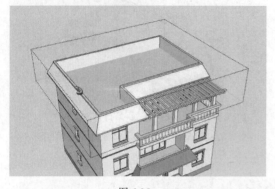
图 6-35

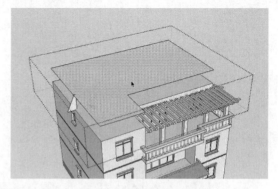
图 6-36

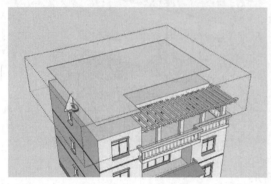

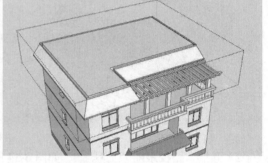

图 6-37

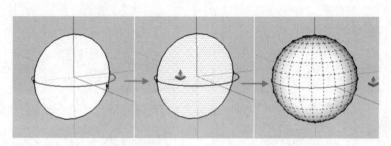
图 6-38

　　椭圆球体的创建跟球体类似，只是将截面改为椭圆形即可。另外，如果将圆面的位置偏移，就可以创建出一个圆环体，如图 6-39 所示。

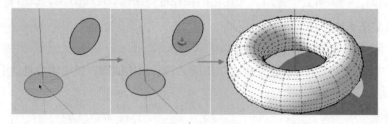
图 6-39

　　技巧与提示：在放样球面的过程中，由于路径线与截面相交，导致放样的球体被路径线分割。其实只要在创建路径和截面时，不让它们相交，即可生成无分割线的球体，如图 6-40 所示。

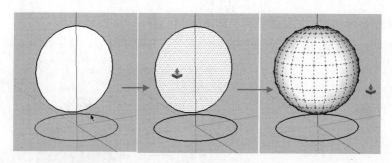

图 6-40

对于样条线在一个面上的情况，使用沿面放样方法创建圆锥体非常方便，如图 6-41 所示。

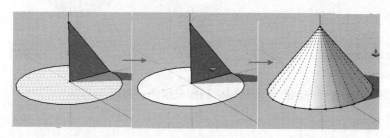

图 6-41

课堂案例——创建冰棒树

案例学习目标：运用"路径跟随"命令创建冰棒树。

案例知识要点：使用"路径跟随"命令，并单击鼠标右键选择"柔化/平滑边线"对模型进行柔化。

光盘文件位置：光盘>第 6 章>课堂案例——创建冰棒树。

（1）用"矩形"工具绘制一个竖直的矩形面，用"圆"工具在底部的水平面上绘制一个圆，再用"直线"工具绘制出一条折线，形成树冠截面，如图 6-42 所示。

（2）单击底部圆面，激活路径跟随命令，接着单击树冠截面，就可以放样出树冠部分了，如图 6-43 所示。

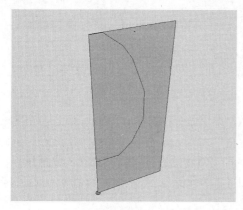

图 6-42

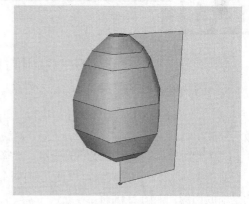

图 6-43

提示：为了节省资源，切面的边线（树冠折线）和放样的路径（圆）的段数要尽量少些，本案例中切面的边线是 8 段，路径的段数为 6 段。

（3）删除多余的边线，接着选择树冠，单击鼠标右键选择"柔化/平滑边线"命令，拖动角度范围滑线，至模型显示出理想的平滑效果，如图 6-44 所示。

（4）将面翻转，用"推/拉"工具推拉出树干部分，并赋予材质，效果如图 6-45 所示。

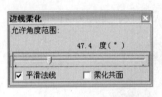

图 6-44   图 6-45

（5）最后单击鼠标右键将制作好的冰棒树制作成组件，如图 6-46 所示。

图 6-46

6.5 物体的"缩放"

使用"缩放"工具 可以缩放或拉伸选中的物体，既可以等比缩放，也可以非等比缩放。

1．缩放物体

（1）打开 SketchUp，选择物体，执行"工具→缩放"菜单命令，或单击"缩放"工具按钮 ，激活缩放工具。

（2）此时物体的外围出现缩放栅格，选择栅格点，即可对物体进行缩放，如图 6-47 所示。

对角夹点：移动对角夹点可以使几何体沿对角方向进行等比缩放，缩放时在数值控制框中显示的是缩放比例，如图 6-48 所示。

边线夹点：移动边线夹点可以同时在几何体对边的两个方向上进行非等比缩放，几何体将变形。缩放时在数值控制框中显示的是两个用逗号隔开的数值，如图 6-49 所示。

表面夹点：移动表面夹点可以使几何体沿着垂直面的方向在一个方向上进行非等比缩放，几何体将变形。缩放时在数值控制框中显示的是缩放比例，如图 6-50 所示。

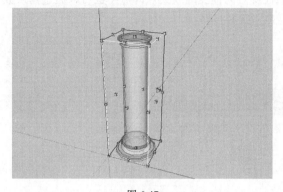

图 6-47

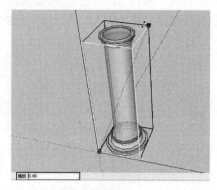

图 6-48

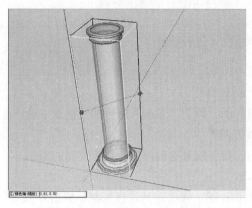

图 6-49

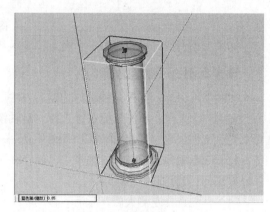

图 6-50

2．通过数值控制框精确缩放

在进行缩放的时候，数值控制框会显示缩放比例，用户也可以在完成缩放后输入一个数值，数值的输入方式有以下 3 种。

第 1 种是输入缩放比例，直接输入不带单位的数字，如 2.5 表示缩放 2.5 倍、–2.5 表示往夹点操作方向的反方向缩放 2.5 倍。

第 2 是输入尺寸长度，输入一个数值并指定单位，如输入 2m 表示缩放到 2m。

第 3 种是输入多重缩放比例，一维缩放需要一个数值；二维缩放需要两个数值，用逗号隔开；等比例的三维缩放也只需要一个数值，但非等比的三维缩放却需要 3 个数值，分别用逗号隔开。

(¡) 技巧与提示： 建议读者先选中物体再激活"缩放"工具 🔲，若先激活"缩放"工具 🔲，将只能在单个点、线或单面上进行"缩放"操作。

3．配合其他功能键缩放

（1）按住 Ctrl 键就可以对物体进行中心缩放，如图 6-51 所示。

（2）配合 Shift 键进行夹点缩放，那么原本默认的等比缩放将切换为非等比缩放，而非等比缩放将切换为等比缩放。

（3）配合 Ctrl 键和 Shift 键进行夹点缩放，中心缩放和中心非等比缩放将互相转换。

4．镜像物体

使用"缩放"工具 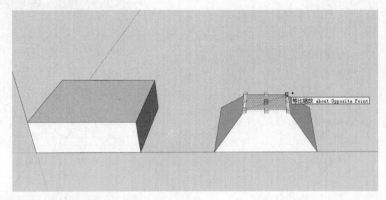 还可以镜像物体，只需往反方向拖曳缩放夹点即可（也可以通过输入数值完成缩放，例如输入负值的缩放比例（-1，-1.5，-2））。

图 6-51

如果大小不变，只需移动一个夹点，输入"-1"就将物体进行镜像。

课堂案例——创建双开门

案例学习目标：掌握几种镜像物体的方法。

案例知识要点：单击鼠标右键选择"沿轴镜像→组件的红轴"、"缩放"命令的"镜像"功能。

光盘文件位置：光盘>第 6 章>课堂案例——创建双开门。

打开光盘中配套源文件，场景中已经存在了一扇门，接着来对这扇门进行镜像复制的操作。

方法一："沿轴"镜像

（1）首先选择左侧大门，激活"移动"工具并按住 Ctrl 键，向右对其进行复制，如图 6-52 所示。

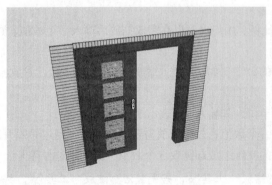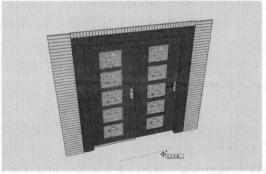

图 6-52

（2）选中复制出的那扇门，单击鼠标右键选择"沿轴镜像→组件的红轴"命令，如图 6-53 所示。

（3）这样就完成了复制门的镜像操作，最后的效果如图 6-54 所示。

方法二："缩放"镜像

完成门的复制以后，激活"缩放"命令，将门的右侧夹点向左拖曳，并在数值框中输入"-1"，然后按回车键确认，即可完成复制门的镜像，再将其移动至相应位置，如图 6-55 所示。

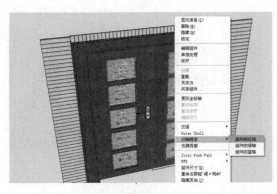

图 6-53

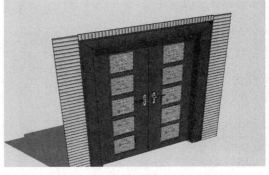

图 6-54

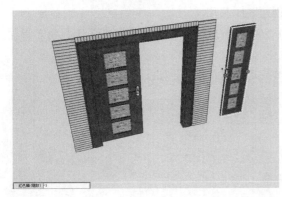

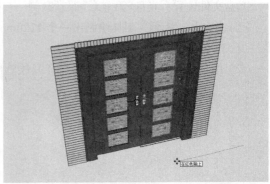

图 6-55

6.6 图形的"偏移复制"

使用"偏移复制"工具 可以对表面或一组共面的线进行偏移复制，用户可以将对象偏移复制到内侧或外侧，偏移之后会产生新的表面。

1．面的偏移复制

（1）选中要偏移的面，然后执行"工具→偏移"菜单命令，或单击"偏移复制"工具按钮 ，激活"偏移复制"工具。

（2）在所选表面的任意一条边上单击，通过拖曳光标来定义偏移的距离（偏移距离同样可以在数值控制框中指定，如果输入了一个负值，那么将往反方向进行偏移），如图 6-56 所示。

2．线的偏移

线的偏移方法和面的偏移方法大致相同，唯一需要注意的是，选择线的时候必须选择两条以上相连的线，而且所有的线必须处于同一平面上，如图 6-57 所示。

技巧与提示：使用"偏移复制"工具 一次只能偏移一个面或者一组共面的线。

课堂案例——创建客厅茶几

案例学习目标：使用"偏移"和"推/拉"工具创建客厅茶几。

案例知识要点：使用"矩形"、"推/拉"、"偏移"、"柔化"、"移动/复制"命令。

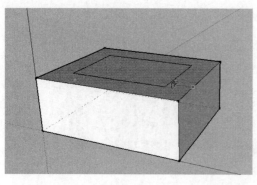

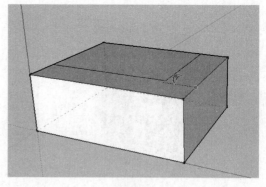

图 6-56   图 6-57

光盘文件位置：光盘>第 6 章>课堂案例——创建客厅茶几。

（1）首先用"矩形"工具绘制出一个 1220mm×560mm 的矩形，然后用"推/拉"工具将矩形面推拉出 530mm 的高度，如图 6-58 所示。

（2）用"直线"工具以及"圆弧"工具绘制出茶几的曲面截面，如图 6-59 所示。

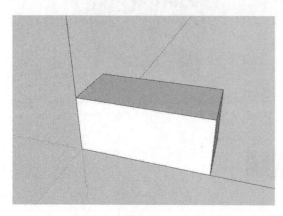

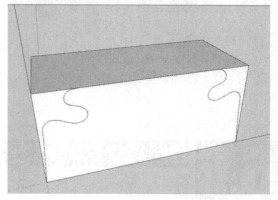

图 6-58   图 6-59

（3）选择绘制好的曲线，用"偏移"工具将其向内偏移 15mm，如图 6-60 所示。

（4）用"推/拉"工具将多余的面推拉到 0 的厚度，即可自动将面删除，如图 6-61 所示。

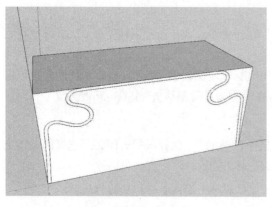

图 6-60   图 6-61

（5）将剩余的模型制作为组件，选择该组件单击鼠标右键选择"柔化/平滑边线"命令，如图 6-62 所示。

（6）在弹出的"边线柔化"编辑器中拖动"允许角度范围"滑块对模型进行柔化，拖动该滑块可以调节光滑角度的下限值，超过此值的夹角都将被柔化处理，如图 6-63 所示。

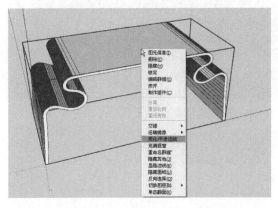

图 6-62

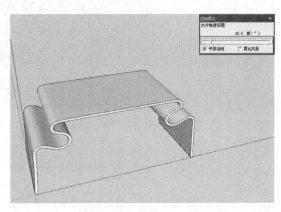

图 6-63

（7）双击组件，进入组件内部编辑。激活"推/拉"工具并按住 Ctrl 键推拉出茶几边的厚度为 10mm，如图 6-64 所示。

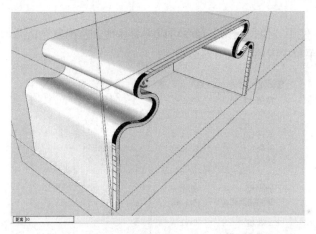

图 6-64

（8）将该部分制作成组件，进行柔化处理后将其复制到茶几的另外一侧，如图 6-65 所示。

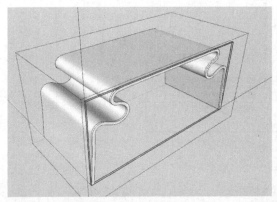
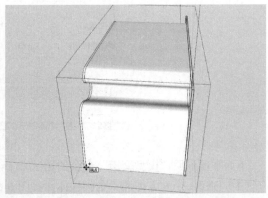

图 6-65

（9）在茶几表面放上茶杯等模型，一个简单的茶几模型创建完成，如图 6-66 所示。

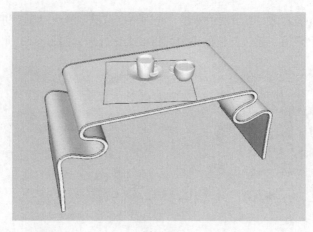

图 6-66

6.7 模型交错

在 SketchUp 中，使用"模型交错"命令可以很容易地创造出复杂的几何体，该命令可以在右键菜单或者"编辑"菜单中激活，如图 6-67 所示。

图 6-67

下面举例说明"模型交错"命令的用法。

（1）创建一个立方体和一个圆柱体，如图 6-68 所示。

（2）移动圆柱体，使其有一部分与立方体重合，移动的时候注意在圆柱体与立方体相交的地方没有边线，并且在圆柱体的任意面上连续单击 3 次鼠标左键时，都只选中圆柱体，如图 6-69 所示。

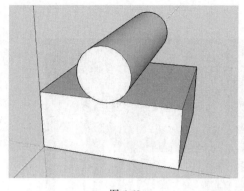
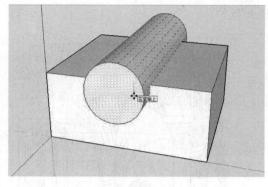

图 6-68　　　　　　　　　　　　　　　　　图 6-69

（3）选中圆柱体，并在其上单击鼠标右键，接着在弹出的快捷菜单中执行"交错→模型交错"命令，此时就会在立方体与圆柱体相交的地方产生边线，如图 6-70 所示。

(!) 技巧与提示：执行"模型交错"命令后，如果连续单击 3 次圆柱体的面，将会连同立方体一起被选中。

（4）删除不需要的部分，SketchUp 会在相交的地方创建出新的面，如图 6-71 所示。

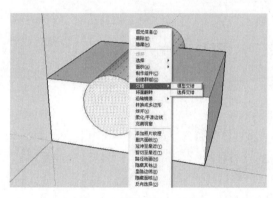
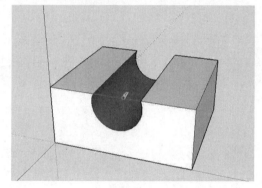

图 6-70　　　　　　　　　　　　　　　　　图 6-71

课堂案例——创建建筑半圆十字拱顶

案例学习目标：创建十字拱顶。

案例知识要点：使用"偏移"、"推/拉"、"移动/复制"、"旋转"命令。

光盘文件位置：光盘>第 6 章>课堂案例——创建建筑半圆十字拱顶。

拱顶结构是欧洲中世纪建筑的一种常见结构形式，其外型美观而坚固，是技术与艺术的融合体，具有极佳的视觉效果，其参考图如图 6-72 所示。

拱顶结构看上去比较复杂，在 SketchUp 中制作起来却比较容易，本例以十字拱为例来进行讲解。

（1）新建一个 SketchUp 文件（场景单位使用"毫米"）。使用"矩形"工具绘出长为 4100mm，高度分别为 2600mm 和 2000mm 的两个矩形，如图 6-73 所示。

（2）激活"圆"工具，在数值输入框中输入"56"作为圆周上的分段数，接着以矩形的中心点为圆心绘制圆，圆要与顶边相切，即半径为 2000mm，如图 6-74 所示。

（3）删除圆形的下半部分以及矩形，然后使用"偏移/复制"工具将半圆轮廓向内偏移 250mm，接着使用"线"工具绘制一条线将内外轮廓线的两端连接成一个封闭的面（注意连接线要保持水平），如图 6-75 所示。

图 6-72

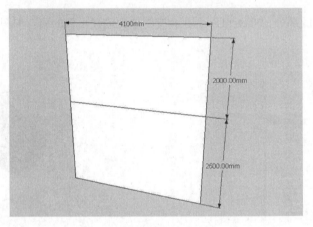

图 6-73

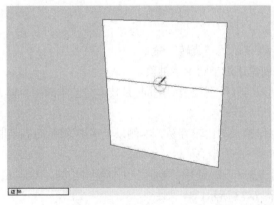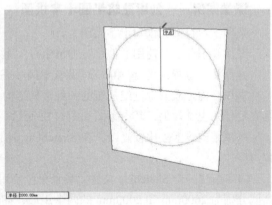

图 6-74

（4）使用"推/拉"工具将半圆面推出 5000mm 的长度，以形成半圆拱，然后双击半圆拱以选中所有的表面，接着按住 Ctrl 键的同时使用"旋转"工具旋转复制出另外一半圆拱（旋转复制时注意捕捉半圆上母线的中点，以保证对称性），如图 6-76 所示。

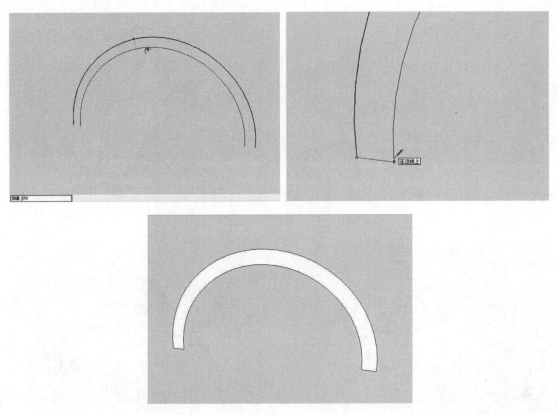

图 6-75

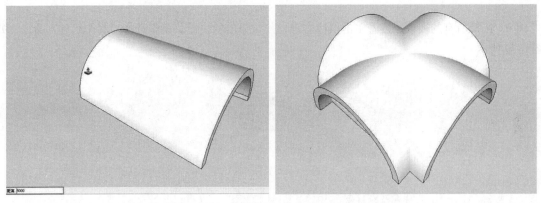

图 6-76

ℹ 技巧与提示：在使用 SketchUp 建模时几乎离不开 Shift、Ctrl 和 Alt 这 3 个功能键，因此在前面的内容中介绍常用命令时专门讲解了这 3 个功能键的作用。例如，在旋转复制一个半圆拱时，其旋转平面是水平面，如果直接在半圆拱上捕捉点进行旋转，很难保证在水平面上进行旋转，而且复制出来的效果也是错误的。正确的操作是将其放置在一个水平面上，当"旋转"工具呈现出蓝色时表明现在的旋转平面为水平面，然后按住 Shift 键的同时将其锁定在水平面上，接着捕捉旋转基点厚再进行旋转复制，如图 6-77 所示。

（5）选中所有物体的表面，然后单击鼠标右键，在弹出的快捷菜单中选择"交错→模型交错"命令，使两个半圆拱产生交线，接着删除中间的多余表面，如图 6-78 所示。

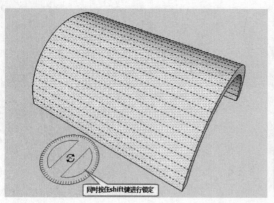
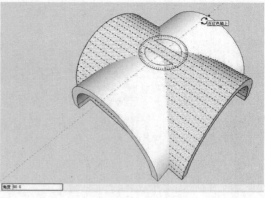

图 6-77

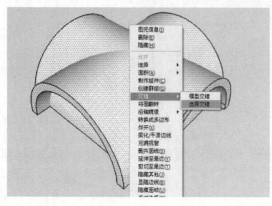
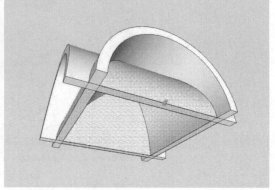

图 6-78

（6）选择所有的表面，接着单击鼠标右键，并在弹出的快捷菜单中选择"制作组件"命令，如图 6-79 所示。

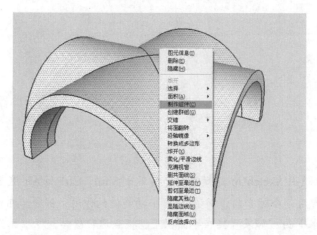

图 6-79

（7）选择拱顶组件，然后按住 Ctrl 键的同时使用"移动/复制"工具捕捉相应的端点进行复制（在数值输入框中可以输入需要复制的个数），如图 6-80 所示。

（8）接着用"路径跟随"、"矩形"等工具完成柱子的创建，如图 6-81 所示。

（9）最后用"矩形"工具、"推/拉"工具完成柱廊侧面墙体的创建，最终效果如图 6-82 所示。

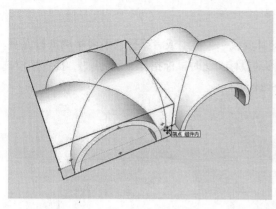 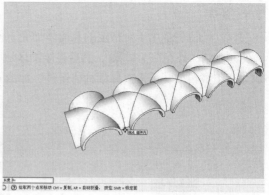

图 6-80

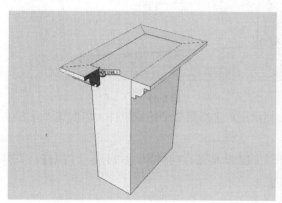 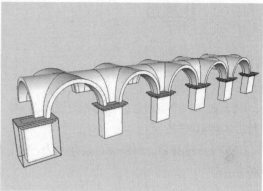

图 6-81

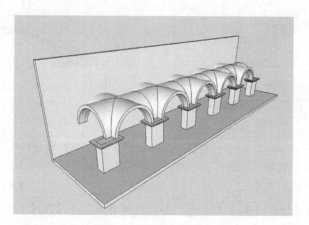

图 6-82

6.8 "实体工具"工具栏

　　SketchUp 8.0 新增了强大的模型交错功能，可以在组与组之间进行并集、交集等布尔运算。在 "实体工具"工具栏中包含了执行这些运算的工具，如图 6-83 所示。

1. 外壳

"外壳"工具 用于对指定的几何体加壳，使其变成一个群组或者组件，下面举例进行说明。

（1）激活"外壳"工具 ，然后在绘图区域移动鼠标，此时鼠标指针显示为 ，提示用户选择第 1 个组或组件，单击选择圆柱体组件，如图 6-84 所示。

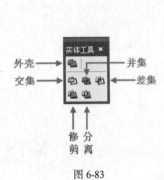

外壳 ——→ 　　　 ←—— 并集
交集 ——→ 　　　 ←—— 差集

修 分
剪 离

图 6-83

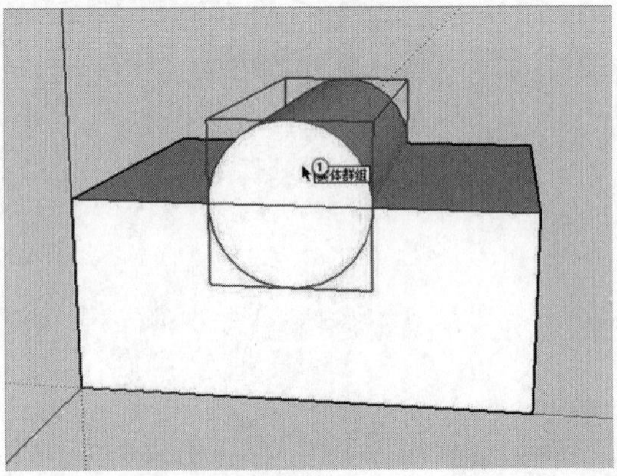

图 6-84

（2）选择一个组件后，鼠标指针显示为 ，提示用户选择第 2 个组或组件，单击选中立方体组件，如图 6-85 所示。

（3）完成选择后，组件会自动合并为一体，相交的边线都被自动删除，且自成一个组件，如图 6-86 所示。

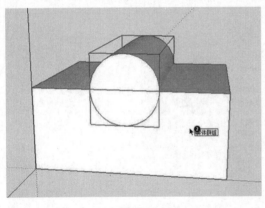

图 6-85

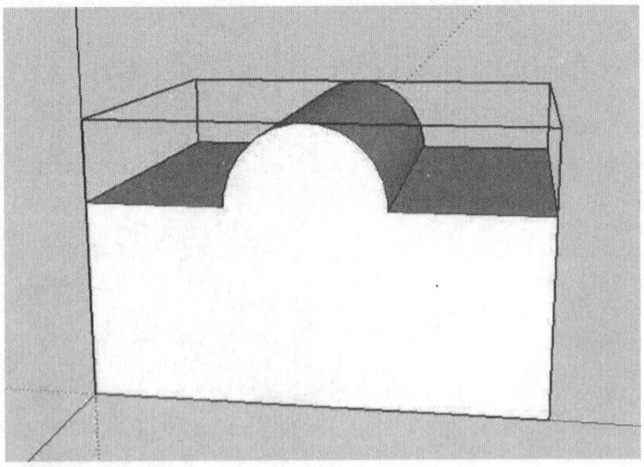

图 6-86

💡 **技巧与提示**："外壳"工具 只对全封闭的几何体有效，并且只对 6 个面以上的几何体才可以加壳。

2. 交集

"交集"工具 用于保留相交的部分，删除不相交的部分。该工具的使用方法与"外壳"工具 相似，激活"交集"工具 后，鼠标会提示选择第 1 个物体和第 2 个物体，完成选择后将保留两者相交的部分，如图 6-87 所示。

3. 并集

"并集"工具 用来将两个物体合并，相交的部分将被删除，运算完成后两个物体将成为一个物体。这个工具在效果上与"外壳"工具 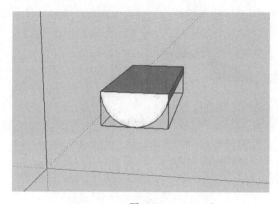 相同，如图 6-88 所示。

图 6-87

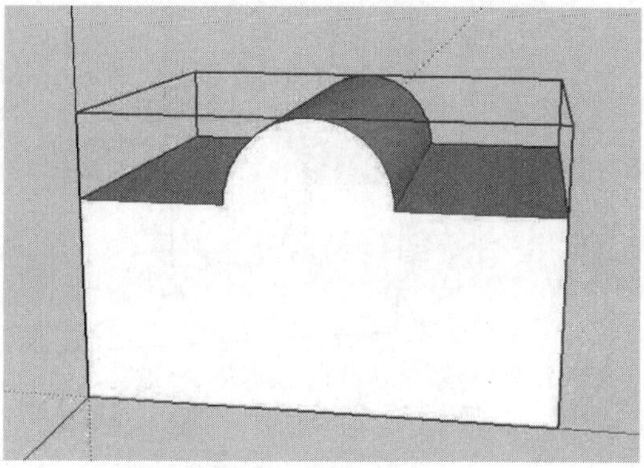

图 6-88

4．差集

使用"差集"工具 的时候同样需要选择第 1 个物体和第 2 个物体，完成选择后将删除第 1 个物体，并在第 2 个物体中减去与第 1 个物体重合的部分，只保留第 2 个物体剩余的部分。

激活"差集"工具 后，如果先选择圆柱体，再选择立方体，那么保留的就是立方体与圆柱体不相交的部分，如图 6-89 所示。

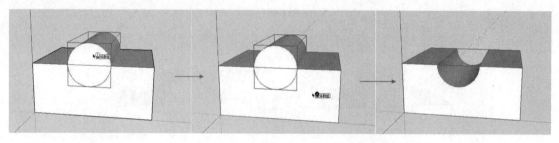

图 6-89

5．修剪

激活"修剪"工具 ，并选择第 1 个物体和第 2 个物体后，将在第 2 个物体中修剪与第 1 个物体重合的部分，第 1 个物体保持不变。

激活"修剪"工具 后，如果先选择圆柱体，再选择立方体，那么修剪之后圆柱体将保持不变，立方体被挖除了一部分，如图 6-90 所示。

6．分离

使用"分离"工具 可以将两个物体相交的部分分离成单独的新物体，原来的两个物体被修剪掉相交的部分，只保留不相交的部分，如图 6-91 所示。

技巧与提示： 如果有 3 个或 3 个以上物体时，系统会自动将选择的前两个物体进行操作之后，再与第 3 个物体进行布尔运算，依此类推。

课堂案例——创建镂空景墙

案例学习目标：掌握几种创建镂空景墙的方法。

案例知识要点：使用"推/拉"进行镂空、使用"交错→选择交错"命令。

光盘文件位置：光盘>第 6 章>课堂案例——创建镂空景墙。

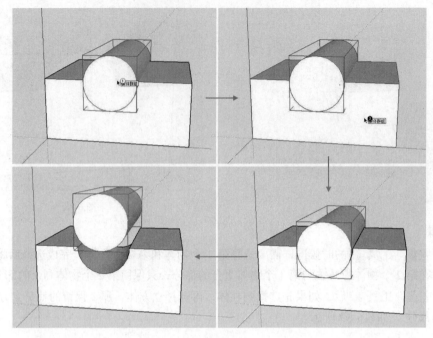

图 6-90

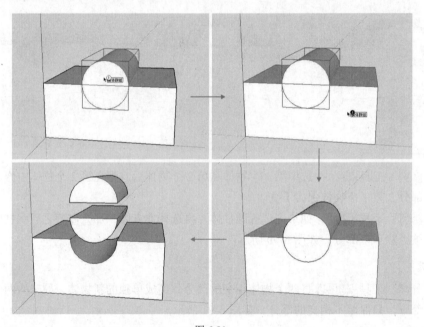

图 6-91

1. 方法一 ——推拉边线

（1）首先画出弧形的墙体，用"直线"工具与"推/拉"工具完成门洞的创建，如图 6-92 所示。

（2）利用"移动"工具配合 Ctrl 键，将弧形的顶面向下复制两份，用"推/拉"工具将复制的弧形面拉伸一定的厚度，如图 6-93 所示。

（3）最后使用"擦除"工具擦除多余的线条，完成操作，如图 6-94 所示。

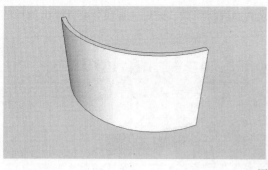
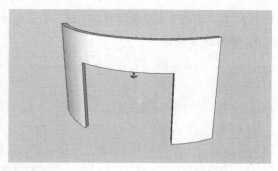

图 6-92

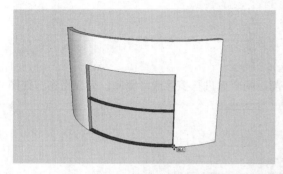
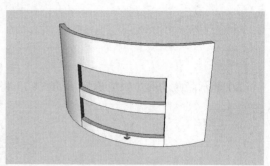

图 6-93

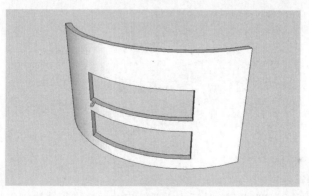

图 6-94

2．方法二——画线分隔

（1）创建完弧形墙体以后，使用"移动"工具配合 Ctrl 键，将顶面向下进行复制，如图 6-95 所示。

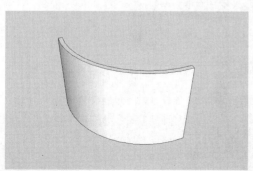
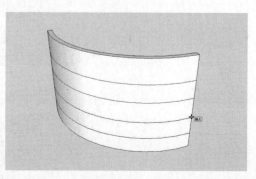

图 6-95

（2）用"直线"工具绘出竖向边线，然后将形成的面进行隐藏，使用"直线"工具描出侧面的边线，如图 6-96 所示。

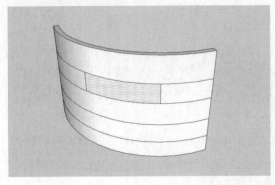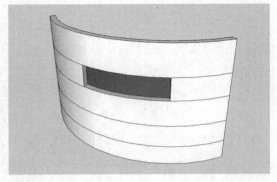

图 6-96

（3）显示隐藏的面（快捷键为 Shift+A），将前后两个面进行擦除或者复制，完成操作，如图 6-97 所示。

图 6-97

3．方法三——模型交错

（1）创建弧形墙体并创建为群组，然后在需要开口的地方进行体块创建并分别进行群组，如图 6-98 所示。

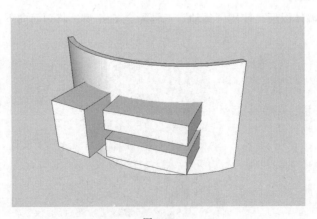

图 6-98

（2）全选物体进行炸开，单击鼠标右键选择"交错→选择交错"命令，然后将不需要的线进行擦除，完成操作，如图 6-99 所示。

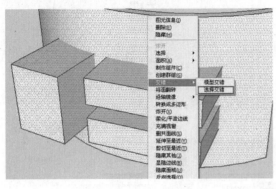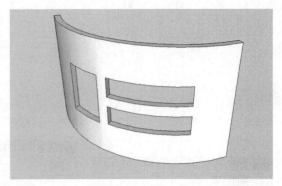

图 6-99

当然也可以不将它们炸开，首先激活差集工具，先单击体块群组再单击弧形墙体群组也能达到相同的效果，而且操作更为简便，读者可以自己练习一下，并且尝试着其他模型交错命令的使用所带来的不一样的交错效果。

6.9 柔化边线

SketchUp 的边线可以进行柔化和平滑处理，从而使有棱角的形体看起来更光滑。对柔化的边线进行平滑处理可以减少曲面的可见折线，使用更少的面表现曲面，也可以使相邻的表面在渲染中能均匀过渡渐变。柔化的边线会自动隐藏，但实际上还存在于模型中，当执行"查看→虚显隐藏物体"菜单命令时，当前不可见的边线就会显示出来。

1．柔化边线

柔化边线有以下 5 种方法。

（1）使用"删除"工具 ✐ 的同时按住 Ctrl 键，可以柔化边线而不是删除边线。

（2）在边线上单击鼠标右键，然后在弹出的快捷菜单中执行"柔化"命令。

（3）选中多条边线，然后在选集上单击鼠标右键，接着在弹出的快捷菜单中执行"柔化/平滑边线"命令，此时将弹出"边线柔化"编辑器，如图 6-100 所示。

> ➢ "允许角度范围"滑块：拖动该滑块可以调节光滑角度的下限值，超过此值的夹角都将被柔化处理。
>
> ➢ 平滑法线：勾选该选项可以用来指定对符合允许角度范围的夹角实施光滑和柔化效果。
>
> ➢ 柔化共面：勾选该选项将自动柔化连接共面表面间的交线。

（4）在边线上单击鼠标右键，然后在弹出的快捷菜单中执行"图元信息"命令，接着在打开的"图元信息"浏览器中勾选"柔化"和"光滑"选项，如图 6-101 所示。

（5）执行"窗口→边线柔化"菜单命令也可以进行边线柔化操作，如图 6-102 所示。

2．取消柔化

取消边线柔化效果的方法同样有 5 种，与柔化边线的 5 种方法相互对应。

图 6-102

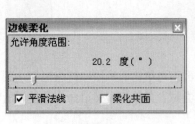

图 6-100

图 6-101

（1）使用"删除"工具 ✎ 的同时按住 Ctrl+Shift 组合键，可以取消对边线的柔化。

（2）在柔化的边线上单击鼠标右键，然后在弹出的快捷菜单中执行"取消柔化"命令。

（3）选中多条柔化的边线，然后在选集上单击鼠标右键，接着在弹出的快捷菜单中执行"柔化/平滑边线"命令，最后在"边线柔化"编辑器中调整允许的角度范围为 0。

（4）在柔化的边线上单击鼠标右键，在弹出的快捷菜单中选择"图元信息"命令，然后在"图元信息"浏览器中取消对"柔化"和"光滑"选项的勾选，如图 6-103 所示。

（5）执行"窗口→柔化边线"菜单命令，然后在弹出的"边线柔化"编辑器中调整允许的角度范围为 0。

课堂案例——对茶具模型进行平滑操作

案例学习目标：掌握对模型进行柔化的方法。

案例知识要点：使用"柔化/平滑边线"命令，在"边线柔化"编辑器中调整相关数值。

光盘文件位置：光盘>第 6 章>课堂案例——对茶具模型进行平滑操作。

（1）首先打开茶具模型，全选所有物体，如图 6-104 所示。

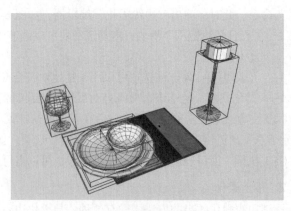

图 6-104

图 6-103

（2）接着单击鼠标右键，在弹出的快捷菜单中选择"柔化/平滑边线"命令，如图 6-105 所示。

（3）在弹出的"边线柔化"编辑器中调整"边线柔化"的数值到满意的效果，完成模型的柔化处理，如图 6-106 所示。

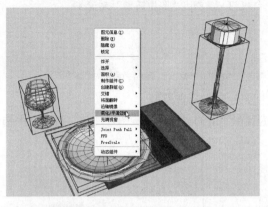

图 6-105

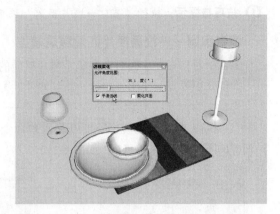

图 6-106

6.10 照片匹配

SketchUp 的"照片匹配"功能可以根据实景照片计算出相机的位置和视角，然后在模型中创建与照片相似的环境。

关于照片匹配的命令有两个，分别是"新建照片匹配"命令和"编辑照片匹配"，这两个命令可以在"相机"菜单中找到，如图 6-107 所示。

当视图中不存在照片匹配时，"编辑照片匹配"命令将显示为灰色状态，也就是不能使用该命令，只有新建一个照片匹配后，"编辑照片匹配"命令才能被激活。用户在新建照片匹配时，将弹出"照片匹配"对话框，如图 6-108 所示。

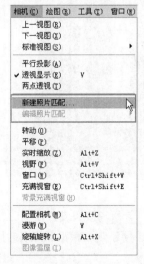

图 6-107

图 6-108

材质来源于图片 按钮：单击该按钮将会把照片作为贴图覆盖模型的表面材质。

"网"选项组：该选项组下包含了 3 种网格，分别为"风格"、"平面"和"间距"，如图 6-109 所示。

技巧与提示： 执行"窗口→照片匹配"菜单命令也可以打开"照片匹配"对话框。

课堂案例——根据照片匹配建筑模型

案例学习目标：掌握对模型赋予照片材质的方法。

案例知识要点：使用"相机→新建照片匹配"命令、使用"窗口→照片匹配"命令。

光盘文件位置：光盘>第 6 章>课堂案例——根据照片匹配建筑模型。

（1）执行"相机→新建照片匹配"菜单命令，然后在弹出的"选择背景图片文件"对话框中选择相应的图片导入 SketchUp，如图 6-110 所示。

图 6-109

图 6-110

（2）将图片导入 SketchUp 后，在图片上将出现一些红色和绿色的短轴，调整这些短轴使其与图片上的透视线对齐，如图 6-111 所示。

图 6-111

（3）调整好短轴的位置后，在"照片匹配"对话框中单击 **完成** 按钮或者在空白处单击，回到建模的界面。此时就可以根据照片的透视来创建实体了，为了便于观察模型，可以启用"X 光模式"，如图 6-112 所示。

图 6-112

（4）执行"窗口→照片匹配"菜单命令，打开"照片匹配"对话框，然后单击 材质来源于图片 按钮，将照片作为贴图赋予模型，如图 6-113 所示。

图 6-113

（5）如果想要删除当前的匹配，可以在右键菜单中执行"取消匹配"命令，如图 6-114 所示。

6.11 模型的测量与标注

图 6-114

6.11.1 测量距离

"测量距离"工具 可以执行一系列与尺寸相关的操作，包括测量两点间的距离、绘制辅助线以及缩放整个模型。关于绘制辅助线的内容会在后文进行讲解，这里仅对测量功能和缩放功能作详细介绍。

1. 测量两点间的距离

激活"测量距离"工具 ，然后拾取一点作为测量的起点，此时拖动鼠标会出现一条类似参考线的"测量带"，其颜色会随着平行的坐标轴而变化，并且数值控制框会实时显示"测量带"的长度，再次单击拾取测量的终点后，测得的距离会显示在数值控制框中。

技巧与提示："测量距离"工具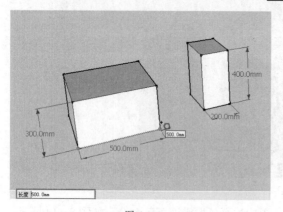没有平面限制，该工具可以测出模型中任意两点的准确距离。

2．全局缩放

使用"测量距离"工具可以对模型进行全局缩放，这个功能非常实用，用户可以在方案研究阶段先构建粗略模型，当确定方案后需要更精确的模型尺寸时，只要重新制定模型中两点的距离即可。

课堂案例——使用"测量"工具进行全局缩放

案例学习目标：使用"测量"工具进行全局缩放。

案例知识要点：激活"测量"工具，通过键盘输入目标长度进行全局缩放。

光盘文件位置：光盘>第6章>课堂案例——使用"测量"工具进行全局缩放。

（1）激活"测量距离"工具，然后选择一条作为缩放依据的线段，并单击该线段的两个端点，此时数值控制框会显示这条线段的当前长度（500mm），如图 6-115 所示。

（2）通过键盘输入一个目标长度（1000mm），然后按回车键确认，此时会出现一个对话框，询问是否调整模型的尺寸，在该对话框中单击 是(Y) 按钮，如图 6-116 所示。

图 6-115

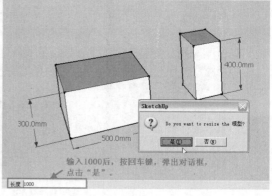

图 6-116

（3）模型中所有的物体都将按照指定长度和当前长度的比值进行缩放，如图 6-117 所示，两个体块都扩大了 2 倍。

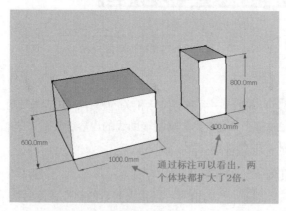

图 6-117

技巧与提示： 全局缩放适用于整个模型场景，如果只想缩放一个物体，就要将物体进行成组，然后再使用上述方法在组件内部进行缩放。

6.11.2　测量角度

"量角器"工具 可以测量角度和绘制辅助线。

1. 测量角度

激活"量角器"工具 后，在视图中会出现一个圆形的量角器，鼠标指针指向的位置就是量角器的中心位置，量角器默认对齐红/绿轴平面。

在场景中移动光标时，量角器会根据旁边的坐标轴和几何体而改变自身的定位方向，用户可以按住 Shift 键锁定所在平面。

在测量角度时，将量角器的中心设在角的顶点上，然后将量角器的基线对齐到测量角的起始边上，接着再拖动鼠标旋转量角器，捕捉要测量角的第 2 条边，此时光标处会出现一条绕量角器旋转的辅助线，捕捉到测量角的第 2 条边后，测量的角度值会显示在数值控制框中，如图 6-118 所示。

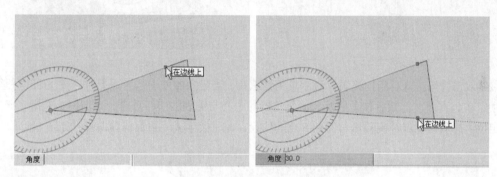

图 6-118

2. 创建角度辅助线

激活"量角器"工具 ，然后捕捉辅助线将经过的角的顶点，并单击鼠标左键将量角器放置在该点上，接着在已有的线段或边线上单击，将量角器的基线对齐到已有的线上，此时会出现一条新的辅助线。移动光标到需要的位置，辅助线和基线之间的角度值会在数值控制框中动态显示，如图 6-119 所示。

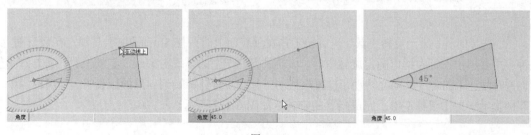

图 6-119

角度可以通过数值控制框输入，输入的值可以是角度（例如 30）也可以是斜率（角的正切，例如 1∶6）；输入负值表示将往当前鼠标指定方向的反方向旋转；在进行其他操作之前可以持续输入修改。

3．锁定旋转的量角器

按住 Shift 键可以将量角器锁定在当前的平面定位上。

课堂案例——使用角度捕捉工具移动钟表时针位置

案例学习目标：灵活运用"量角器"工具。

案例知识要点：使用"量角器"工具创建辅助线，使用"旋转"工具旋转指针。

光盘文件位置：光盘>第 6 章>课堂案例——使用角度捕捉工具移动钟表时针位置。

（1）首先打开本书配套光盘中的钟塔模型，模型中钟表的时间为 3 点整，如图 6-120 所示。

图 6-120

（2）双击钟塔进入群组内编辑，激活量角器工具，当量角器处于竖直面上时，按住 Shift 键将量角器锁定在竖直面上，然后移动鼠标，使量角器的中心与钟表的中心重合，单击鼠标左键，确定鼠标的定位。然后移动鼠标旋转量角器到 5 点的位置，此时会生成一条虚线辅助线，如图 6-121 所示。

图 6-121

（3）选择时针，激活旋转工具，当旋转工具在垂直面上时按住 Shift 键使工具锁定在竖直面上，在钟表中心单击鼠标左键以确定旋转中心。移动鼠标使产生的虚线对齐到 3 点的位置，单击鼠标左键，这时候选中的时针就随之转动了。再次移动鼠标，使时针旋转到 5 点的位置时，会出现"在线上"的提示，单击鼠标左键，完成指针的旋转，如图 6-122 所示。

6.11.3 标注尺寸

▌ "尺寸标注"工具 ![icon] 可以对模型进行尺寸标注。SketchUp 中适合标注的点包括端点、中点、边线上的点、交点以及圆或圆弧的圆心。在进行标注时，有时需要旋转模型以让标注处于需要表达的平面上。

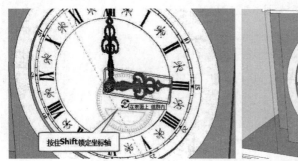

图 6-122

尺寸标注的样式可以在"场景信息"管理器的"尺寸标注"面板中进行设置，执行"窗口→场景信息"菜单命令即可打开"场景信息"管理器，如图 6-123 所示。

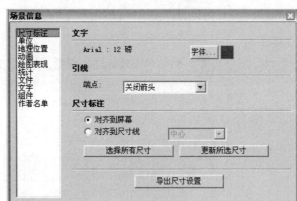

图 6-123

1. 标注线段

激活"尺寸标注"工具，然后依次单击线段两个端点，接着移动鼠标拖曳一定的距离，最后再次单击鼠标左键确定标注的位置，如图 6-124 所示。

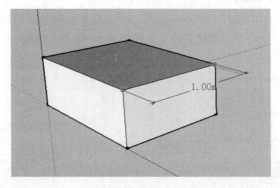

图 6-124

技巧与提示： 用户也可以直接单击需要标注的线段进行标注，选中的线段会呈高亮显示，单击线段后拖曳出一定的标注距离即可，如图 6-125 所示。

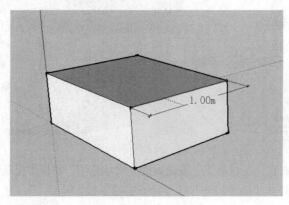

图 6-125

2．标注直径

激活"尺寸标注"工具 ，然后单击要标注的圆，接着移动鼠标拖曳出标注的距离，最后再次单击鼠标左键确定标注的位置，如图 6-126 所示。

3．标注半径

激活"尺寸标注"工具 ，然后单击要标注的圆弧，接着拖曳鼠标确定标注的距离，如图 6-127 所示。

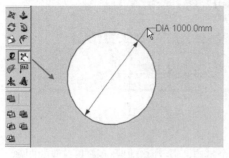

图 6-126

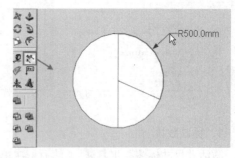

图 6-127

4．互换直径标注和半径标注

在半径标注的右键菜单中执行"类型→直径"命令可以将半径标注转换为直径标注，同样，执行"类型→半径"右键菜单命令可以将直径标注转换为半径标注，如图 6-128 所示。

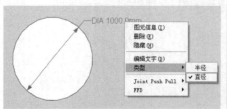

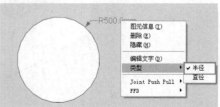

图 6-128

技巧与提示：SketchUp 中提供了多种标注的样式以供使用者选择，修改标注样式的步骤：首先执行"窗口→场景信息"菜单命令，在弹出的"场景信息"管理器中打开"尺寸标注"选项板，接着在引线后的"端点"下拉列表中选择"斜杆"或者其他方式，如图 6-129 所示。

图 6-129

6.11.4 标注文字

"文本标注"工具用来插入文字到模型中，插入的文字主要有两类，分别是引注文字和屏幕文字。

在"场景信息"管理器的"文字"面板中可以设置文字和引线的样式，包括引线文字、引线端点、字体类型和颜色等，如图 6-130 所示。

在插入引注文字的时候，先激活"文本标注"工具，然后在实体（表面、边线、顶点、组件、群组等）上单击，指定引线指向的位置，接着拖曳出引线的长度，并单击确定文本框的位置，最后在文本框中输入注释文字，如图 6-131 所示。

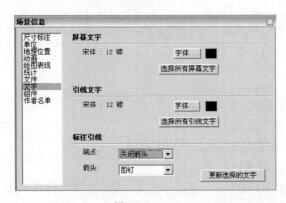

图 6-130

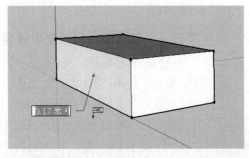

图 6-131

技巧与提示：输入注释文字后，按两次回车键或者单击文本框的外侧就可以完成输入，按 Esc 键可以取消操作。

文字也可以不需要引线而直接放置在实体上，只需在需要插入文字的实体上双击即可，引线将被自动隐藏。

插入屏幕文字的时候，先激活"文本标注"工具 ，然后在屏幕的空白处单击，接着在弹出的文本框中输入注释文字，最后按两次回车键或者单击文本框的外侧完成输入。

技巧与提示：屏幕文字在屏幕上的位置是固定的，不受视图改变的影响。另外，在已经编辑好的文字上双击鼠标左键即可重新编辑文字，也可以在文字的右键菜单中执行"编辑文字"命令。

6.11.5 3D 文字

从 SketchUp 6.0 开始增加了"3D 文字"工具 ，该工具广泛应用于广告、logo、雕塑文字等。

激活"3D 文字"工具 会弹出"放置 3D 文字"对话框，该对话框中的"高度"指文字的大小，"挤压"指文字的厚度，如果没有勾选"填充"选项，生成的文字将只有轮廓线，如图 6-132 所示。

在"放置 3D 文字"对话框的文本框中输入文字后，单击 放置 按钮，即可将文字拖放至合适的位置，生成的文字自动成组，使用"缩放"工具 可以对文字进行缩放，如图 6-133 所示。

图 6-132

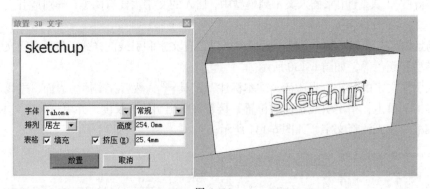

图 6-133

课堂案例——为某校大门添加学校名称

案例学习目标：灵活运用"3D 文字"工具为模型添加文字。

案例知识要点：使用"3D 文字"工具、"缩放"工具。

光盘文件位置：光盘>第 6 章>课堂案例——为某校大门添加学校名称。

（1）首先打开本书配套光盘中的场景文件，如图 6-134 所示。

（2）单击 3D 文字工具 ，在弹出的"放置 3D 文字"对话框中输入"第一中学"并将字体改成"华文行楷"，然后单击 放置 按钮，将其放置到相应的位置，如图 6-135 所示。

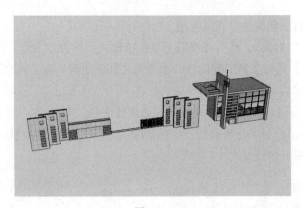

图 6-134

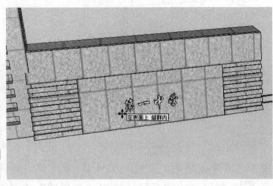

图 6-135

（3）用"缩放"工具调整其大小，如图 6-136 所示。

（4）打开材质编辑器为其赋予相应的材质，如图 6-137 所示。

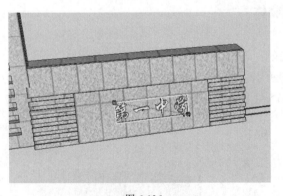

图 6-136

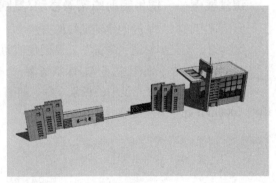

图 6-137

6.12 辅助线的绘制与管理

6.12.1 绘制辅助线

许多初学者会问：绘制辅助线使用什么工具？其实答案就在于"测量距离"工具 和"量角

器"工具 。辅助线对于精确建模非常有用。

激活"测量距离"工具 ，然后在线段上单击拾取一点作为参考点，此时在光标上会出现一条辅助线随着光标移动，同时会显示辅助线与参考点之间的距离。确定辅助线的位置后，单击鼠标左键即可绘制一条辅助线，如图 6-138 所示。

技巧与提示：绘制的辅助线将与参考点所在的线段平行。

如果根据端点的提示绘制了一条有限长度的辅助线，那么辅助线的终端会带有一个十字符号，如图 6-139 所示。

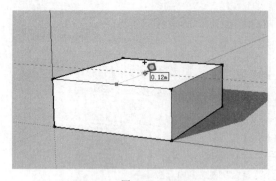

图 6-138

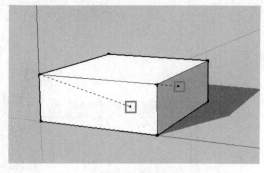

图 6-139

在使用"测量距离"工具 的时候配合 Ctrl 键进行操作，就可以只"测量"而不产生线。在实际的运用中，笔者建议使用"直线"工具 来代替"测量距离"工具 的测量功能，使用"测量距离"工具 绘制平行的辅助线，使用"量角器"工具 绘制带有角度的辅助线。

激活"测量距离"工具 后，直接在某条线段上双击鼠标左键，即可绘制一条与该线段重合又无限延长的辅助线，如图 6-140 所示。

课堂案例——使用辅助线精确移动/复制物体

案例学习目标：掌握创建辅助线的方法。

案例知识要点：使用"测量"工具创建辅助线。

光盘文件位置：光盘>第 6 章>课堂案例——使用辅助线精确移动/复制物体。

（1）打开本书配套光盘中的场景文件，如图 6-141 所示。我们需要把窗户精确地移动到离上边墙线 1000mm 处，离左边墙线 1500mm 处。

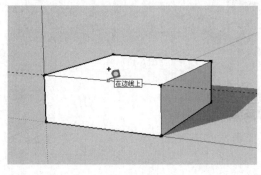

图 6-140

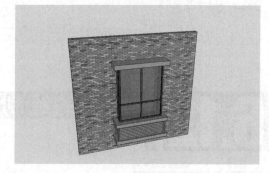

图 6-141

（2）用"测量"工具分别作出离上边线 1000mm 处、离左边线 1500mm 处的辅助线，如图 6-142 所示。

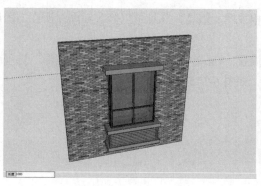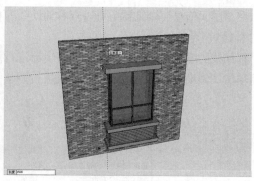

图 6-142

（3）用"移动"工具将窗户的左上角放置到两条辅助线的交点处，完成窗户的精确位移，如图
6-143 所示。

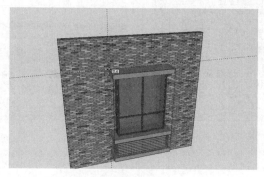

图 6-143

6.12.2 管理辅助线

眼花缭乱的辅助线有时候会影响视线，从而产生负面影响，此时可以通过执行"编辑→撤销辅助
线"、"编辑→重复删除"或者"编辑→删除辅助线"菜单命令删除所有的辅助线，如图 6-144 所示。

图 6-144

图 6-145

在"图元信息"浏览器中可以查看辅助线的相关图元信息，并且可以修改辅助线所在的图层，如图 6-145 所示。

辅助线的颜色可以通过"风格"编辑器进行设置。在"风格"编辑器中单击"编辑"选项卡，然后单击"辅助"选项后面的颜色色块进行调整，如图 6-146 所示。

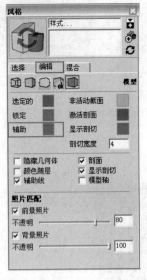
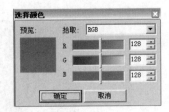

图 6-146

6.12.3 导出辅助线

在 SketchUp 中可以将辅助线导出到 AutoCAD 中，以便为进一步精确绘制立面图提供帮助。导出辅助线的方法如下。

执行"文件→导出→3D 模型"菜单命令，然后在弹出的"导出模型"对话框中设置"文件类型"为"AutoCAD DWG File（*.dwg）"，接着单击 选项... 按钮，并在弹出的"AutoCAD 导出选项"对话框中勾选"构造几何体"选项，最后依次单击 确定 按钮和 导出 按钮将辅助线导出，如图 6-147 所示。为了能更清晰地显示和管理辅助线，可以将辅助线单独放在一个图层上再进行导出。

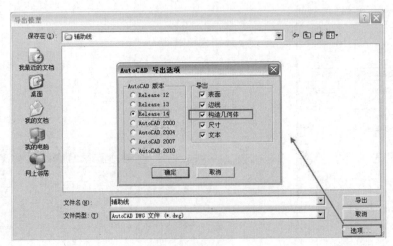

图 6-147

6.13 课堂练习——创建景观路灯

练习知识要点：综合运用"矩形"、"推/拉"、"偏移"、"路径跟随"、"圆弧"、"移动/复制"命令。

光盘文件位置：光盘>第 6 章>课堂练习——创建景观路灯。

（1）首先用"矩形"工具以及"推/拉"命令绘制好路灯的柱体部分，并将其创建为群组，如图 6-148 所示。

（2）用"偏移"工具和"推/拉"工具完成柱体的分隔细节，如图 6-149 所示。

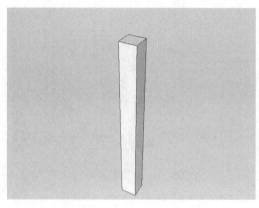

图 6-148

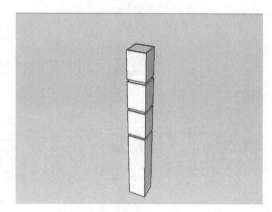

图 6-149

（3）用"圆"工具以及"推/拉"工具完成路灯的圆形杆件部分，如图 6-150 所示。

（4）用"矩形"工具以及"推/拉"工具完成圆形杆件上部的方形构件，如图 6-151 所示。

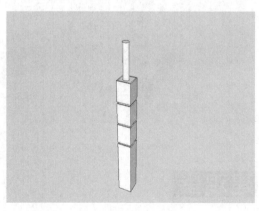

图 6-150

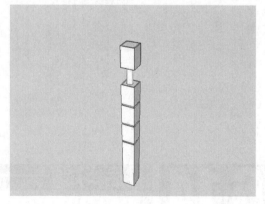

图 6-151

（5）制作几个圆并用复制命令将其复制几份，如图 6-152 所示。

（6）用"圆弧"工具绘制出灯罩的弧度，并用"偏移"工具以及"推/拉"工具完成灯罩的制作，如图 6-153 所示。

（7）最后完善灯罩的支撑杆件，并给模型赋予相应的材质，如图 6-154 所示。

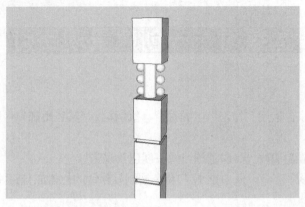

图 6-152

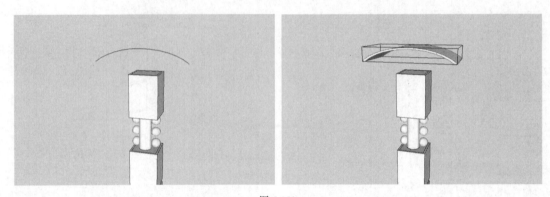

图 6-153

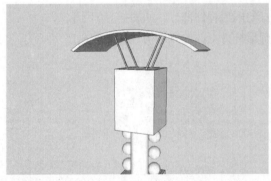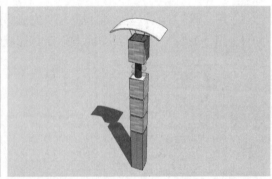

图 6-154

6.14 课后习题——创建鸡蛋

习题知识要点：首先绘制一个圆，从中间划分，使用"缩放"命令对一个半圆拉伸为椭圆，再使用"路径跟随"命令进行放样，如图 6-155 所示。

光盘文件位置：光盘>第 6 章>课后习题——创建鸡蛋。

图 6-155

第 7 章

群组、组件与图层管理

【本章导读】

SketchUp 抓住了设计师的职业需求，提供了更加方便的"群组/组件"管理功能，这种分类和现实生活中物体的分类十分相似，用户之间还可以通过群组或组件进行资源共享，并且它们十分容易修改。同时，图层管理与群组、组件配合使用，尤其对大场景的创建效率提高非常有用。

本章将系统介绍 SketchUp 中群组、组件和图层的相关知识，包括群组和组件的创建、编辑、共享及动态组件的制作原理、图层的建立、图层的显隐以及图层属性的修改等内容。

【要点索引】

- 掌握创建和编辑群组和组件的方法
- 了解动态组件的制作原理
- 掌握"图层"管理器的运用
- 了解图层工具栏的运用
- 掌握新建图层和修改图层属性的方法

7.1 群组

"群组"（有时被人们简称为"组"）是一些点、线、面或者实体的集合，与组件的区别在于没有组件库和关联复制的特性。但是群组可以作为临时性的群组管理，并且不占用组件库，也不会使文件变大，所以使用起来还是很方便的。

7.1.1　创建群组

选中要创建为组的物体，然后在物体上单击鼠标右键，在弹出的快捷菜单中执行"创建群组"命令。创建群组的快捷键为 G，也可以执行"编辑→创建群组"菜单命令。群组创建完成后，外侧会出现高亮显示的边界框，如图 7-1 所示。

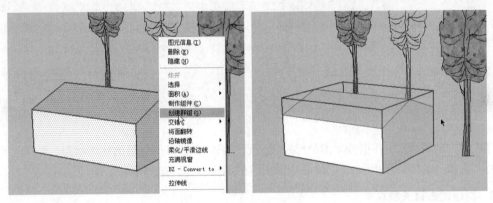

图 7-1

7.1.2　编辑群组

可以对创建的群组进行编辑，包括炸开群组、编辑群组以及群组的右键关联菜单的相关参数编辑。

1. 炸开群组

创建的组可以被炸开，炸开后组将恢复到成组之前的状态，同时组内的几何体会和外部相连的几何体结合，并且嵌套在组内的组则会变成独立的组。

炸开组的方法为：选中要炸开的组，然后单击鼠标右键，在弹出的快捷菜单中执行"炸开"命令，如图 7-2 所示。

2. 编辑群组

当需要编辑组内部的几何体时，则要进入组的内部进行操作。在群组上双击鼠标左键或者在组的右键菜单中执行"编辑群组"命令，即可进入组内进行编辑。

进入组的编辑状态后，组的外框会以虚线显示，其他外部物体以灰色显示（表示不可编辑状态），如图 7-3 所示。在进行编辑时，可以使用外部几何体进行参考捕捉，但是组内编辑不会影响到外部几何体。

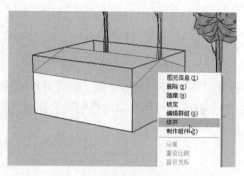

图 7-2

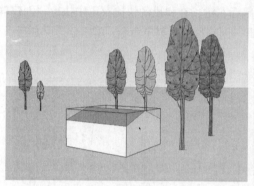
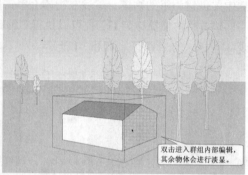

图 7-3

完成组内的编辑后，在组外单击鼠标左键或者按 Esc 键即可退出组的编辑状态，用户也可以通过执行"编辑→关闭群组/组件"菜单命令退出组的编辑状态，如图 7-4 所示。

3. 群组的右键关联菜单

在创建的组上单击鼠标右键，将弹出一个快捷菜单，如图 7-5 所示。

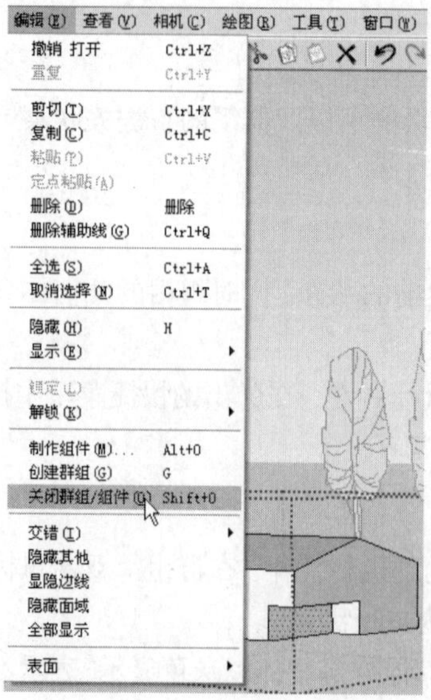

图 7-4

图 7-5

图元信息：单击该命令将弹出"图元信息"浏览器，以浏览和修改组的属性参数，如图 7-6 所示。

"选择材质"窗口 ：单击该窗口将弹出"选择材质"对话框，用于显示和编辑赋予组的材质。如果没有应用材质，将显示为默认材质。

图层：显示和更改组所在的图层。

名称：编辑组的名称。

Volume（体积）：显示组的体积大小。这也是 SketchUp 8.0 新增加的一项显示信息。

隐藏：勾选该选项后，组将被隐藏。

图 7-6

锁定：勾选该选项后，组将被锁定，组的边框将以红色亮显。

投影：勾选该选项后，组可以产生阴影。

受影：勾选该选项后，组可以接受其他物体的阴影。

删除：该命令用于删除当前选中的组。

隐藏：该命令用于隐藏当前选中的组。如果事先在"查看"菜单中勾选了"虚显隐藏物体"选项（快捷键为 Alt+H），则所有隐藏的物体将以网格显示并可选择，如图 7-7 所示。如果想取消该物体的隐藏，在右键菜单中选择"显示"即可。

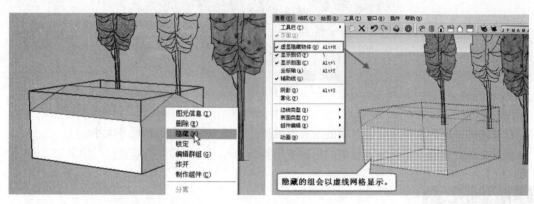

图 7-7

制作组件：该命令用于将组转换为组件。

分离：如果一个组件是在一个表面上拉伸创建的，那么该组件在移动过程中就会存在吸附这个面的现象，从而无法参考捕捉其他面的点，这个时候就要执行"分离"命令使物体自由捕捉参考点进行移动，如图 7-8 所示。

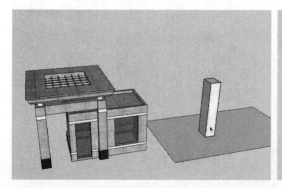

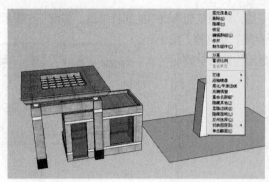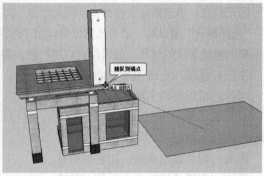

图 7-8

技巧与提示：除了"分离"的方法，用户还可以使用"复制移动"的方法，如图 7-9 所示。

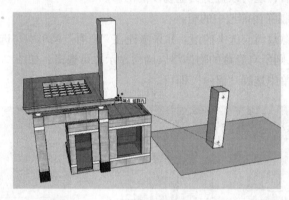

图 7-9

重设比例：该命令用于取消对组的所有缩放操作，恢复原始比例和尺寸大小。

重设变形：该命令用于恢复对组的扭曲变形操作。

7.1.3 为组赋材质

在 SketchUp 中，一个几何体在创建的时候就具有了默认的材质，默认的材质在"材质"编辑器中显示为 ◢。

创建组后，可以对组应用材质，此时组内的默认材质将会被更新，而事先制定的材质将不受影响，如图 7-10 所示。

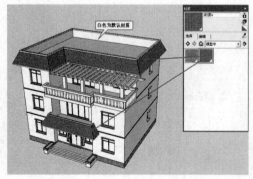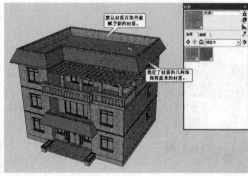

图 7-10

7.2 组件

组件是将一个或多个几何体的集合定义为一个单位，使之可以像一个物体那样进行操作。组件可以是简单的一条线，也可以是整个模型，尺寸和范围也没有限制。

技术专题——群组与组件的关系

组与组件有一个相同的特性，就是将模型的一组元素制作成一个整体，以利于编辑和管理。

群组的主要作用有两个：一是"选择集"，对于一些复杂的模型，选择起来会比较麻烦，计算机荷载也比较繁重，需要隐藏一部分物体加快操作速度，这时群组的优势就显现了，可以通过群组快速选到所需修改的物体而不必逐一选取；二是"保护罩"，当在群组内编辑时完全不必担心对群组以外的实体进行误操作。

而组件则拥有群组的一切功能且能够实现关联修改，是一种更强大的"群组"。一个组件通过复制得到若干关联组件（或称相似组件）后，编辑其中一个组件时，其余关联组件也会一起进行改变；而对群组（组）进行复制后，如果编辑其中的一个组，其他复制的组不会发生改变，如图 7-11所示。

图 7-11

7.2.1 制作组件

选中要定义为组件的物体，然后在右键菜单中执行"制作组件"命令（也可执行"编辑→制作组件"菜单命令，或者激活"制作组件"工具  ）即可将选择的物体制作为组件，如图 7-12 所示。

执行"制作组件"命令后，将会弹出一个用于设置组件信息的对话框，如图 7-13 所示。

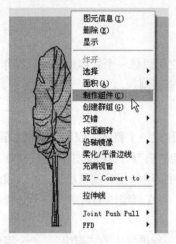

图 7-12

图 7-13

"名称/注释"文本框：在这两个文本框中可以为组件命名以及对组件的重要信息进行注释。

粘合：该命令用来指定组件插入时所要对齐的面，可以在下拉列表中选择"没有"、"任意"、"水平"、"垂直"或"斜面"。

剖切开口：该选项用于在创建的物体上开洞，如门窗等。选中此选项后，组件将在与表面相交的位置剪切开口。

总是面向相机：该选项可以使组件始终对齐视图，并且不受视图变更的影响。如果定义的组件为二维配景，则需要勾选此选项，这样可以用一些二维物体来代替三维物体，使文件不至于因为配景而变得过大，如图 7-14 所示。

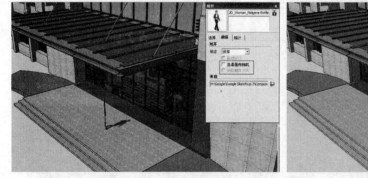

图 7-14

阴影朝向太阳：该选项只有在"总是面向相机"选项开启后才能生效，可以保证物体的阴影随着视图的变动而改变，如图 7-15 所示。

设置平面 按钮：单击该按钮可以在组件内部设置坐标轴，如图 7-16 所示。

替换选择：勾选该选项可以将制作组件的源物体转换为组件。如果没有选择此选项，原来的几何体将没有任何变化，但是在组件库中可以发现制作的组件已经被添加进行，仅仅是模型中的物体没有变化而已。

完成组件的制作后，在"组件"编辑器中可以修改组件的属性，只需选择一个需要修改的组件，然后在"编辑"选项卡中进行修改即可，如图 7-17 所示。

图 7-15

图 7-16

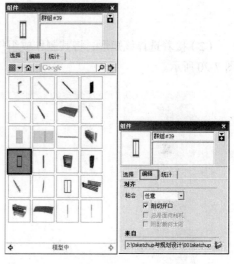

图 7-17

制作的组件可以单独保存为.skp 文件，只需在组件的右键菜单中执行"另存为"命令即可（或者执行"文件→另存为"菜单命令），如图 7-18 所示。

图 7-18

课堂案例——制作建筑立面的开口窗组件

案例学习目标：掌握制作开口组件的方法。

案例知识要点：在"创建组件"对话框中勾选"剖切开口"选项。

光盘文件位置：光盘>第 7 章>课堂案例——制作建筑立面的开口窗组件。

（1）首先用"矩形"工具在建筑立面上绘制出一个矩形，如图 7-19 所示。

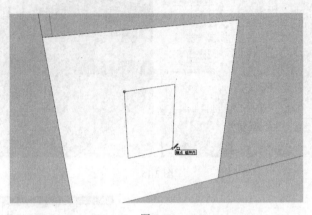

图 7-19

（2）接着选择该矩形，将其制作成组件，在"创建组件"对话框中勾选"剖切开口"选项，如图 7-20 所示。

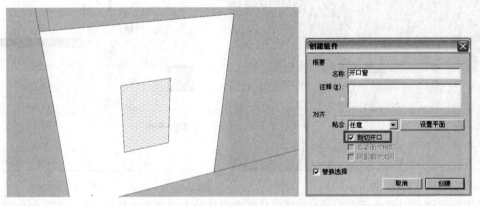

图 7-20

（3）双击鼠标进入组件内编辑，用"推/拉"工具将其向内部推拉一定的厚度，如图 7-21 所示。

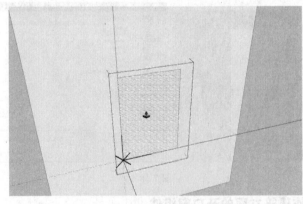

图 7-21

（4）然后删除前面的面，如图 7-22 所示。

（5）选择内侧的面，将面进行翻转，并把周围的面统一成正面，如图 7-23 所示。

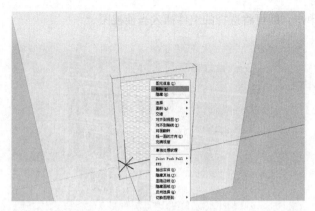

图 7-22

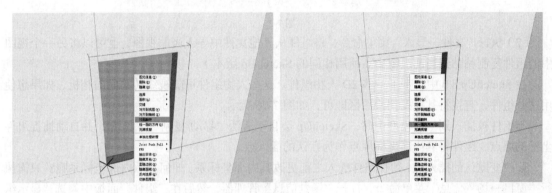

图 7-23

（6）这样就完成了一个开口组件的制作，如图 7-24 所示。

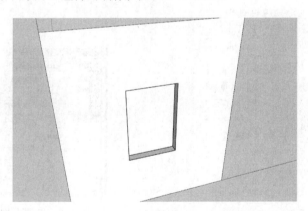

图 7-24

技巧与提示：一定要在墙的表面上绘制门窗，然后再定义成组件，并且要勾选"剖切开口"选项，只有这样创建的组件在进行复制时才能顺利地开洞。

（7）进入组件内部编辑，完成窗台、窗框、窗棂等构件的创建和复制，如图 7-25 所示。

7.2.2　插入组件

在 SketchUp 中插入组件的方法有以下两种。

（1）执行"窗口→组件"菜单命令，打开"组件"编辑器，然后在"选择"选项卡中选中一个组件，接着在绘图区单击，即可将选择的组件插入当前视图。

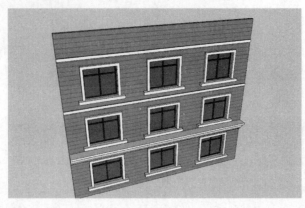

图 7-25

（2）执行"文件→导入"菜单命令，将组件从其他文件中导入当前视图，也可以将另一个视图中的组件复制粘贴到当前视图中（使用相同的 SketchUp 版本）。

在 SketchUp 8.0 中自带了一些 2D 人物组件。这些人物组件可随视线转动面向相机，如果想使用这些组件，直接将其拖曳到绘图区即可，如图 7-26 所示。

当组件被插入到当前模型中时，SketchUp 会自动激活"移动/复制"工具，并自动捕捉组件坐标的原点，组件将其内部坐标原点作为默认的插入点。

要改变默认的插入点，须在组件插入之前更改其内部坐标系。如何显示内部坐标系呢？只需执行"窗口→场景信息"菜单命令，打开"场景信息"管理器，然后在"组件"面板中勾选"显示组件坐标"选项即可，如图 7-27 所示。

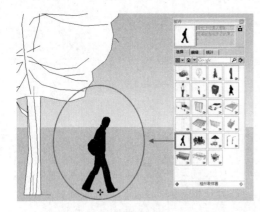

图 7-26

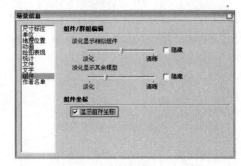

图 7-27

课堂案例——制作道路旁的行道树

案例学习目标：掌握批量改变组件的方法。

案例知识要点：在导入之前将图形定义为"块"，并利用组件的关联性批量替换行道树组件。

光盘文件位置：光盘>第 7 章>课堂案例——制作道路旁的行道树。

利用组的关联性特征，可以使大规模种植行道树的工作变得简单快速。具体步骤如下。

（1）首先使用 AutoCAD 打开场景的平面，新建图层，命名为"行道树"并置为当前图层，将层的颜色调整为绿色，如图 7-28 所示。

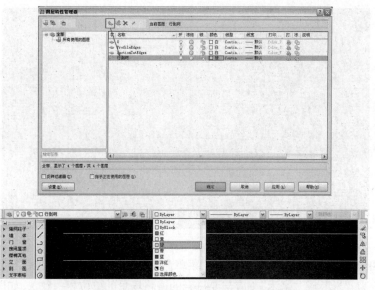

图 7-28

（2）绘制一个圆弧并定义为块，如图 7-29 所示。

图 7-29

（3）将块复制多个到道路两侧，如图 7-30 所示。

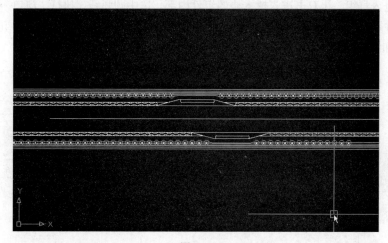

图 7-30

（4）仅显示"行道树"图层，然后选定所有行道树，保存为一个新文件"行道树"，如图 7-31 所示。

图 7-31

（5）打开 SketchUp，执行"文件→导入"菜单命令，导入上一步新建的"行道树"dwg 文件，并设置导入单位为"米"或"毫米"（应与要拼合的道路场景的单位相一致），如图 7-32 所示。

图 7-32

（6）导入之后，行道树自动成组，如图 7-33 所示。

（7）双击进入群组，再双击进入树木块的组件内部。选中圆弧线，执行"窗口→组件"菜单命令，打开"组件"编辑器，然后在"选择"选项卡中选中一个树木的组件，将树木组件拖入到圆弧的中心位置，如图 7-34 所示。

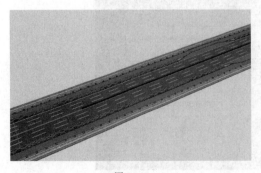

图 7-33

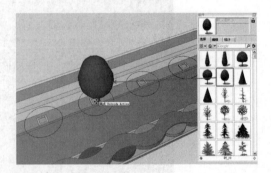

图 7-34

（8）最后删除圆弧线，行道树创建完成，如图 7-35 所示。

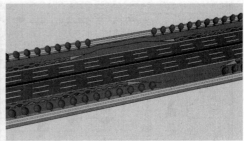

图 7-35

7.2.3 编辑组件

创建组件后，组件中的物体会被包含在组件中而与模型的其他物体分离。SketchUp 支持对组件中的物体进行编辑，这样可以避免炸开组件进行编辑后再重新制作组件。

如果要对组件进行编辑，最常用的方法是双击组件进入组件内部编辑，当然还有很多其他编辑方法，下面进行详细介绍。

1. "组件"编辑器

"组件"编辑器常用于插入预设的组件，它提供了 SketchUp 组件库的目录列表，如图 7-36 所示。

图 7-36

（1）"选择"面板

"视图选项"按钮▦▾：单击该按钮将弹出一个下拉菜单，其中包含了 4 种图标显示方式和"刷新"命令，该按钮图标会随着图标显示方式的改变而改变，如图 7-37 所示。

"模型中"按钮 ⌂：单击该按钮将显示当前模型中正在使用的组件，如图 7-38 所示。

"导航"按钮▾：单击该按钮将弹出一个下拉菜单，用户可以通过"在模型中"和"组件"命令切换显示的模型目录，如图 7-39 所示。

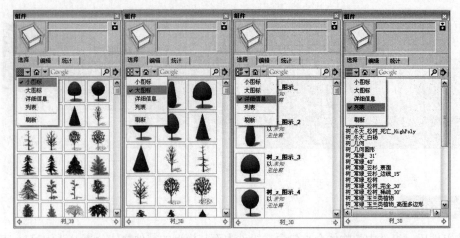

图 7-37

图 7-38

图 7-39

"详细信息"按钮 ：在选中模型中一个组件的时候，单击该按钮将会弹出一个快捷菜单，其中的"另存为本地库"选项用于将选择的组件进行保存收集；"清理未使用组件"选项用于清理多余的组件，以减小文件的大小，如图 7-40 所示。

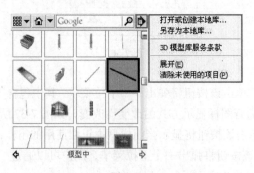

图 7-40

⑦ 技巧与提示： 如果选中的是组件库中的组件，那么单击"详细信息"按钮 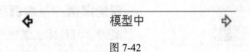 将会弹出如图 7-41 所示的菜单。

在"组件"编辑器的最下面是一个显示框，当选择一个组件后，组件所在的位置就会在这里显示。例如，选择一个模型中的组件，那么这里将显示为"模型中"，如图 7-42 所示。显示框左右两侧的按钮用于浏览组件库时前进或后退。

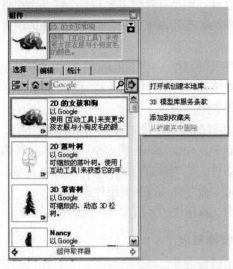

图 7-41

图 7-42

（2）"编辑"面板

当选中了模型中的组件时，可以在"编辑"面板中进行组件的粘合、剖切和阴影朝向的设置，如图 7-43 所示。

关于组件的粘合、剖切开口以及阴影的朝向已在"制作组件"的小节中详细介绍过，在此不作赘述。

（3）"统计"面板

当选中了模型中的组件时，打开"统计"面板就可以查看该组件中的所有几何体的数量，如图 7-44 所示。

图 7-43

图 7-44

2．组件的右键关联菜单

由于组件的右键菜单与群组右键菜单中的命令相似，因此这里只对一些常用的命令进行讲解。组件的右键菜单如图 7-45 所示。

图 7-45

锁定：该命令用于锁定组件，使其不能被编辑，以免进行误操作，锁定的组件边框显示为红色。执行该命令锁定组件后，这里将变为"解锁"命令。

单独处理：相同的组件具有关联性，但是有时候需要对一个或几个组件进行单独编辑，这时就需要使用到"单独处理"命令，用户对单独处理的组件进行编辑不会影响其他组件。

炸开：该命令用于炸开组件，炸开的组件不再与相同的组件相关联，包含在组件内的物体也会被分离，嵌套在组件中的组件则成为新的独立的组件。

更改坐标轴：该命令用于重新设置坐标轴。

重设比例/重设变形/缩放定义：组件的缩放与普通物体的缩放有所不同。如果直接对一个组件进行缩放，不会影响其他组件的比例大小；而进入组件内部进行缩放，则会改变所有相关联的组件。对组件进行缩放后，组件会变形，此时执行"重设比例"或者"重设变形"命令就可以恢复组件原型。

沿轴镜像：在该命令的子菜单中选择镜像的轴线即可完成镜像。

课堂案例——对值班室进行镜像复制

案例学习目标：掌握组件的沿轴镜像命令。

案例知识要点：利用右键关联菜单中的"沿轴镜像"命令。

光盘文件位置：光盘>第 7 章>课堂案例——对值班室进行镜像复制。

（1）将创建好的大门一侧的值班室模型创建为组件，复制该组件到大门的另一侧，如图 7-46 所示。

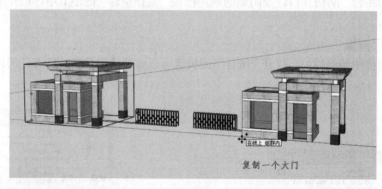

复制一个大门

图 7-46

（2）右键单击复制的值班室组件，在右键关联菜单中选择"沿轴镜像→组的红轴"命令，如图 7-47 所示。

（3）完成值班室的镜像复制，效果如图 7-48 所示。

技巧与提示：组件的镜像只对选中的单体起作用，不会影响组件的定义。

3．淡化显示相似组件和其余模型

（1）通过"场景信息"管理器

执行"窗口→场景信息"菜单命令，打开"场景信息"管理器，在"组件"面板中可以通过移动滑块设置组件的淡化显示效果，也可以勾选"隐藏"选项隐藏相似组件或其余模型，如图 7-49 所示。

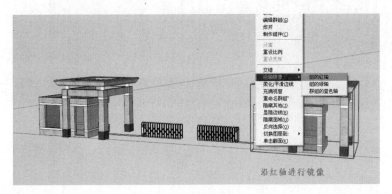

图 7-47

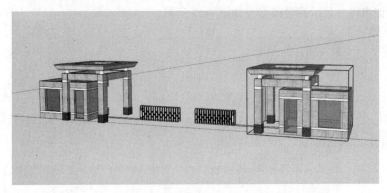

图 7-48

（2）通过"查看"菜单

为了更加方便操作，可以执行"查看→组件编辑→隐藏剩余模型"菜单命令将外部物体隐藏，如图 7-50 所示。

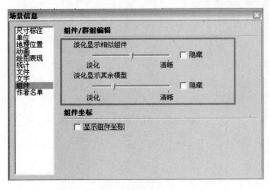

图 7-49

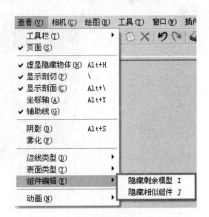

图 7-50

从图 7-50 中可以看到，在"组件编辑"选项的子菜单中除了"隐藏剩余模型"命令外，还有一个"隐藏相似组件"命令，该命令用于隐藏或显示同一性质的其他组件物体。下面就对这两个命令的用法进行说明。

① 隐藏剩余模型，显示相似组件，如图 7-51 所示。

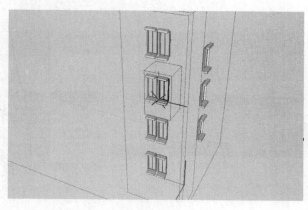

图 7-51

② 隐藏相似组件，显示剩余模型，如图 7-52 所示。

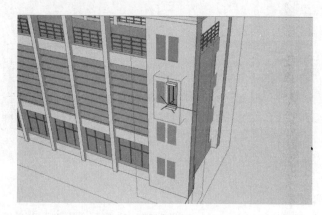

图 7-52

③ 显示剩余模型，同时显示相似组件，如图 7-53 所示。

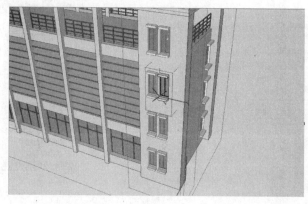

图 7-53

4．组件的浏览与管理

　　"管理目录"浏览器用于显示场景中所有的组和组件，包括嵌套的内容。在一些大的场景中，组和组件层层相套，编辑起来容易混乱，而"管理目录"浏览器以树形结构列表显示了组和组件，条目清晰，便于查找和管理。

执行"窗口→管理目录"菜单命令即可打开"管理目录"浏览器。在"管理目录"浏览器的树形列表中可以随意移动组与组件的位置。另外，通过"管理目录"浏览器还可以改变组和组件的名称，如图 7-54 所示。

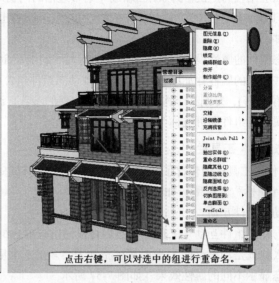

图 7-54

"过滤"文本框：在"过滤"文本框中输入要查找的组件名称，即可查找场景中的组或者组件。

"详细信息"按钮 ▣ ：单击该按钮将弹出一个快捷菜单，该菜单中的命令用于一次性全部折叠或者全部展开树形结构列表。

5. 为组件赋予材质

对组件赋予材质时，所有默认材质的表面将会被指定的材质覆盖，而事先被指定了材质的表面不受影响。

组件的赋予材质操作只对指定的组件单体有效，对其他关联材质无效，因此 SketchUp 中相同的组件可以有不同的材质；但在组件内部赋予材质的时候，其他相关联组件的材质也会跟着改变，如图 7-55 所示。

图 7-55

7.2.4 动态组件

动态组件(Dynamic Components)使用起来非常方便，在制作楼梯、门窗、地板、玻璃幕墙、篱笆栅栏等方面应用较为广泛。例如，当缩放一扇带边框的门窗时，由于事先固定了门（窗）框尺寸，就可以实现门(窗)框尺寸不变，而门(窗)整体尺寸变化。读者也可通过登录 Goole 3D 模型库，下载所需动态组件。

但是动态组件的属性设置起来较为烦琐，需要用到函数命令，这点让很多人望而却步。

总结这些组件的属性并加以分析，可以发现动态组件包含以下几方面的特征：固定某个构件的参数(尺寸、位置等)，复制某个构件，调整某个构件的参数，调整某个构件的活动性等。具备以上一种或多种属性的组件即可被称为动态组件。

1."动态组件"工具栏

"动态组件"工具栏中包含了 3 个工具，分别为"与动态组件互动"工具、"组件选项"工具和"组件属性"工具，如图 7-56 所示。

（1）与动态组件互动

激活"与动态组件互动"工具，然后将鼠标指向动态组件（启动 SketchUp 8.0 时，界面中默认出现的人物就是动态组件），此时鼠标指针上会多出一个星号，随着鼠标在动态组件上单击，组件就会动态显示不同的属性效果，如图 7-57 所示。

图 7-56

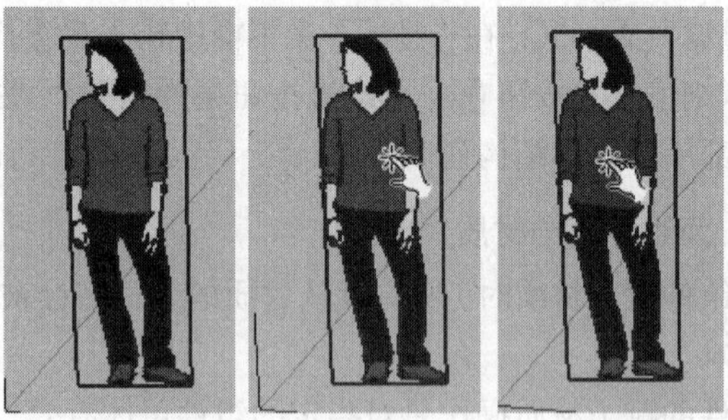

图 7-57

（2）组件选项

激活"组件选项"工具，将弹出"组件选项"对话框，如图 7-58 所示。

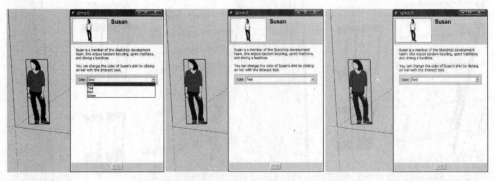

图 7-58

（3）组件属性

激活"组件属性"工具 ，将弹出"组件属性"对话框，在该对话框中可以为选中的动态组件添加属性，如添加材质等，如图 7-59 所示。

图 7-59

2．制作"动态栅栏"

下面以 SketchUp 自带的动态组件——"栅栏"为例，讲解动态组件的制作原理，读者可以尝试其他动态组件的制作。

（1）执行"窗口→组件"菜单命令，打开"组件"编辑器，然后找到"栅栏"组件并将其拖曳至绘图区的适当位置，如图 7-60 所示。

（2）执行"查看→工具栏→动态组件"菜单命令，打开"动态组件"工具栏，然后单击"组件属性"按钮 ，查看动态组件的属性信息。可以看出，该组件是一个层级嵌套式结构。动态组件就是通过分别对每个组件的属性进行设置而达到动态互动效果的，如图 7-61 所示。

图 7-60

图 7-61

（3）选择 Fence 组件（也就是"栅栏"组件），然后设置 LenY（沿 y 轴方向的尺寸）为 4 厘米（直接输入"=4"，后面不加单位），接着设置 spacing（间隔距离）为 10 厘米（输入"=10"），如图 7-62 所示。

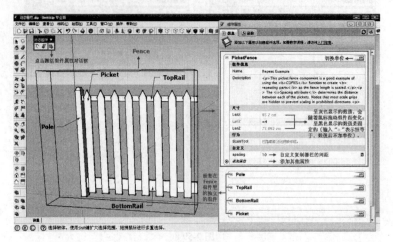

图 7-62

（！）**技巧与提示**：为了使读者不至于混淆各个组件的属性，图中对每个组件的名称进行了标注。

LenX（沿 x 轴方向的尺寸）和 LenZ（沿 z 轴方向的尺寸）的数值保持默认设置，但并不是固定的。

设置栅栏之间的间隔距离后，间隔效果如图 7-63 所示。

（4）进入 Fence 组件内部，然后选择 Pole 组件，在"组件属性"对话框中设置沿 x 轴、y 轴和 z 轴的位置为 0，接着设置 LenX（沿 x 轴方向的尺寸）和 LenY（沿 y 轴方向的尺寸）为 4 厘米，最后在 LenZ（沿 z 轴方向的尺寸）的数值框内输入函数公式"=PicketFence!LENZ"，如图 7-64 所示。

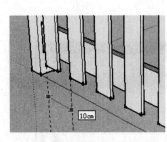

图 7-63

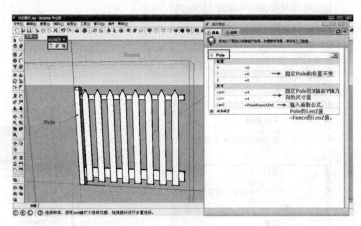

图 7-64

（！）**技巧与提示**：组件的位置坐标以组件自身的位置坐标为准，数值为相对值。

输入的函数公式的含义为：Pole 组件的 LenZ 值=Fence 组件的 LenZ 值。也就是说，Pole 组件会随 Fence 整体组件的 z 轴方向拉伸而拉伸。

（5）选择 TopRail 组件，然后设置沿 x 轴位置为 4、沿 y 轴位置为 1.25，接着在 z 轴位置的数值框中输入函数公式 "=PicketFence!LENZ – 9"，最后设置 LenY（沿 y 轴方向的尺寸）为 1.5、LenZ
（沿 z 轴方向的尺寸）为 3.5，并在 LenX（沿 x 轴方向的尺寸）的数值框中输入函数公式
"=PicketFence!LENX – Pole!LENX"，如图 7-65 所示。

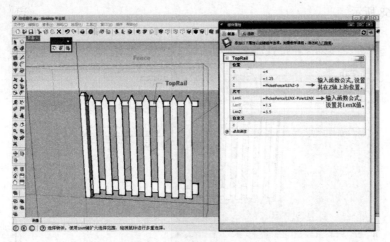

图 7-65

⚠ 技巧与提示：在 z 轴位置的数值框中输入的函数公式的含义为：TopRail 的 Z 值=Fence 的 Z
值 – 9。9 是 TopRail 组件最低点与 Fence 整体组件最高点的距离，如图 7-66 所示。TopRail 组件
沿 z 轴的位置会随 Fence 整体组件的 z 轴方向拉伸而变化。

在 LenX（沿 x 轴方向的尺寸）的数值框中输入的函数公式的含义为：TopRail 的 LenX 值=Fence
的 LenX 值 – Pole 的 LenX 值。TopRail 组件会随 Fence 整体组件的 x 轴方向拉伸而拉伸。

（6）选择 BottomRail 组件，然后设置沿 x 轴位置为 4、沿 y 轴位置为 1.25、沿 z 轴位置为 6，
接着再设置 LenY（沿 y 轴方向的尺寸）为 1.5、LenZ（沿 z 轴方向的尺寸）为 8，最后在 LenX（沿
x 轴方向的尺寸）的数值框中输入函数公式 "=PicketFence!LENX – Pole!LENX"，如图 7-67 所示。

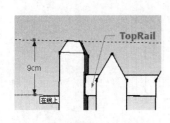

图 7-66

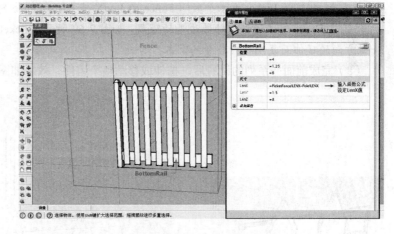

图 7-67

⚠ 技巧与提示：在 LenX（沿 x 轴方向的尺寸）的数值框中输入的函数公式的含义为：BottomRail
的 LenX 值=Fence 的 LenX 值 – Pole 的 LenX 值。BottomRail 组件会随 Fence 整体组件的 x 轴方
向拉伸而拉伸。

（7）选择 Picket 组件，然后在 x 轴位置的数值框中输入公式 "=6+copy*PicketFence!spacing"，

并设置沿 z 轴位置为 3、沿 y 轴位置为 1.25；接着在 LenZ（沿 z 轴方向的尺寸）的数值框中输入函数公式"=PicketFence!LENZ – 5"，并设置 LenX（沿 x 轴方向的尺寸）为 5、LenY（沿 y 轴方向的尺寸）为 7.5；最后添加行为属性 COPIES，并输入公式"=(PicketFence!LENX – 4)/PicketFence!spacing – 1"，如图 7-68 所示。

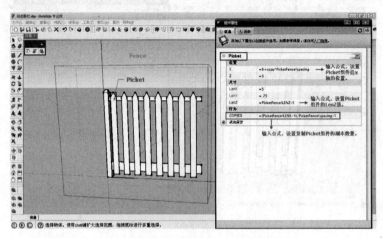

图 7-68

ⓘ 技巧与提示： 在 x 轴位置的数值框中输入的函数公式的含义为：Picket 沿 x 轴方向的位置=6+副本数量×间隔距离。其中 6 为第一条栅栏位置，"间隔距离"在 Fence 组件的自定义属性里已经设置为 10。

在 LenZ（沿 z 轴方向的尺寸）的数值框中输入的函数公式的含义为：Picket 的 LenZ 值=Fence 的 LenZ 值 – 5。其中 5 为 Picket 组件距离 Fence 整体组件最底面的高度。Picket 组件会随 Fence 整体组件的 z 轴方向拉伸而拉伸。

在 COPIES 属性的数值框中输入的函数公式用于设定要为此部件创建的副本个数，该公式的含义为：创建的 Picket 副本个数=（Fence 的 LenX 值 – 4）/ Fence 的间距值 – 1。其中 4 为 Picket 组件距离 Fence 整体组件 x 轴最边沿的距离，如图 7-69 所示。Picket 组件会随 Fence 整体组件沿 x 轴方向的延伸而复制相应数量的副本。

（8）完成前面一系列的设置后，拉伸或移动整个组件，效果如图 7-70 所示。

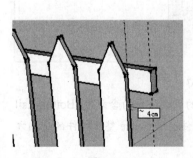

图 7-69

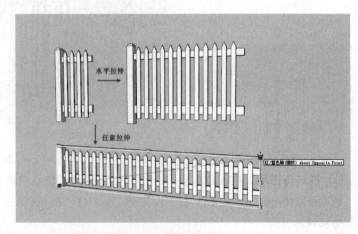

图 7-70

7.3 图层

7.3.1 图层管理器

执行"窗口→图层"菜单命令可以打开"图层"管理器，在"图层"管理器中可以查看和编辑模型中的图层，它显示了模型中所有的图层和图层的颜色，并指出图层是否可见，如图 7-71 所示。

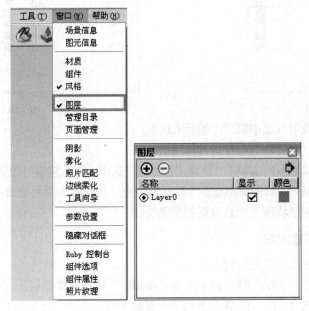

图 7-71

"增加层"按钮：单击该按钮可以新建一个图层，用户可以对新建的图层重命名。在新建图层的时候，系统会为每一个新建的图层设置一种不同于其他图层的颜色，图层的颜色可以进行修改，如图 7-72 所示。

"删除图层"按钮：单击该按钮可以将选中的图层删除，如果要删除的图层中包含了物体，将会弹出一个对话框询问处理方式，如图 7-73 所示。

图 7-72

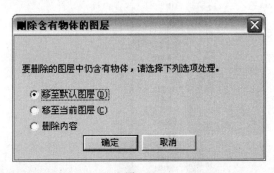

图 7-73

"名称"标签：在"名称"标签下列出了所有图层的名称，图层名称前面的圆内有一个点的表示是当前图层，用户可以通过单击圆来设置当前图层。单击图层的名称可以输入新名称，完成输入后按回车键确定即可，如图 7-74 所示。

"显示"标签："显示"标签下的选项用于显示或者隐藏图层，勾选即表示显示。若想隐藏图层，只需取消勾选即可。如果将隐藏图层置为当前图层，则该图层会自动变成可见层。

"颜色"标签："颜色"标签下列出了每个图层的颜色，单击颜色色块可以为图层指定新的颜色。

"详细信息"按钮 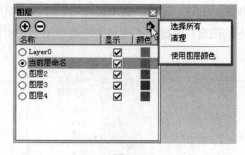：单击该按钮将打开拓展菜单，如图 7-75 所示。

图 7-74

图 7-75

选择所有：该选项可以选中模型中的所有图层。

清理：该选项用于清理所有未使用过的图层。

使用图层颜色：如果用户选择了"使用图层颜色"选项，那么渲染时图层的颜色会赋予该图层中的所有物体。由于每一个新图层都有一个默认的颜色，并且这个颜色是独一无二的，因此"使用图层颜色"选项将有助于快速直观地分辨各个图层。

课堂案例——新建图层

案例学习目标：掌握新建图层的方法。

案例知识要点：在"图层"管理器中单击"增加层"按钮新建图层。

光盘文件位置：光盘>第 7 章>课堂案例——新建图层。

（1）执行"窗口→图层"菜单命令，如图 7-76 所示。

（2）在弹出的"图层"管理器中单击"增加层"按钮 ，单击图层的名称框输入新名称"建筑"，完成"建筑"图层的创建，如图 7-77 所示。

图 7-76

图 7-77

7.3.2　图层工具栏

"图层"工具栏可以通过执行"查看→工具栏→图层"菜单命令调出，它也对创建的图形文件起着图层管理分类的作用，如图 7-78 所示。

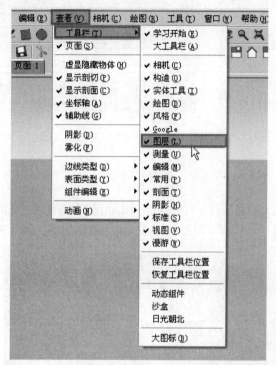

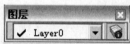

图 7-78

（1）"图层管理"按钮 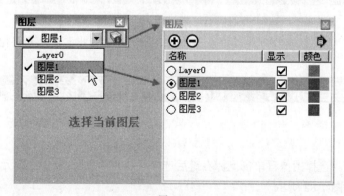。

单击"图层"工具栏右侧的"图层管理"按钮 ，即可打开"图层"管理器。在上一节我们讲解了"图层"管理器的相关知识，在此不作赘述。

（2）"图层下拉选框"按钮 。

单击该按钮，展开图层下拉选框，会出现模型中所有的图层，通过单击即可选择当前图层。

相对应的，在"图层"管理器中，当前图层会被激活，如图 7-79 所示。

图 7-79

当选中了某图层上的物体时，图层下拉选框会以黄色亮显，提醒用户当前选择的图层，如图 7-80 所示。

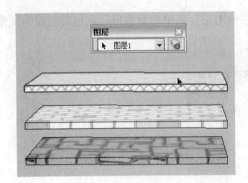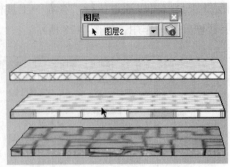

图 7-80

7.3.3 图层属性

在某个元素的右键菜单中执行"图元信息"命令可以打开"图元信息"浏览器，在该对话框中可以查看选中元素的图元信息，也可以通过"图层"下拉列表改变元素所在的图层，如图 7-81 所示。

图 7-81

(!) **技巧与提示**："图元信息"浏览器中显示的信息会随着鼠标指定的元素变化而变化。

7.4 课堂练习——将导入的图像进行分图层

练习知识要点：选择图像，单击鼠标右键后选择"图元信息"，利用"图元信息"的下拉选项指定所在图层，如图 7-82 所示。

光盘文件位置：光盘>第 7 章>课堂练习——将导入的图像进行分图层。

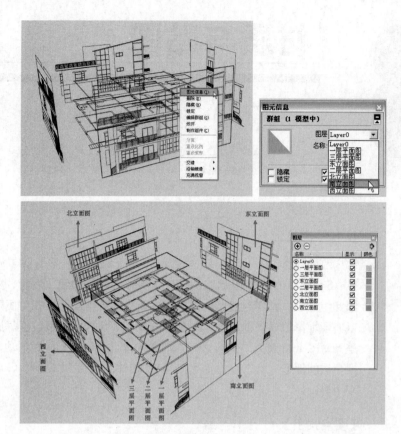

图 7-82

7.5 课后习题——新建图层并划分图层

习题知识要点：将导入的图像群组进行新建图层，选中图像，单击鼠标右键后选择"图元信息"，利用"图元信息"的下拉选项指定所在图层，如图 7-83 所示。

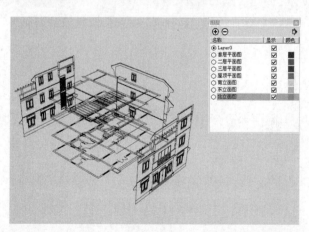

图 7-83

光盘文件位置：光盘>第 7 章>课后练习：新建图层并划分图层。

第 **8** 章

材质与贴图

【本章导读】

  SketchUp 拥有强大的材质库，可以应用于边线、表面、文字、剖面、组和组件中，并实时显示材质效果，所见即所得。而且在材质赋予以后，可以方便地修改材质的名称、颜色、透明度、尺寸大小及位置等属性特征，这是 SketchUp 最大的优势之一。本章将学习 SketchUp 材质功能的应用，包括材质的提取、填充、坐标调整、特殊形体的贴图，以及 PNG 贴图的制作及应用等。

【要点索引】

- 掌握填充材质的方法
- 掌握调整贴图坐标的方法
- 灵活运用材质贴图创建物体
- 了解制作二维组件的方法

8.1 默认材质

在 SketchUp 中创建几何体的时候，会被赋予默认的材质。默认材质的正反两面显示的颜色是不同的，这是因为 SketchUp 使用的是双面材质。双面材质的特性可以帮助用户更容易区分表面的正反朝向，以方便将模型导入其他软件时调整面的方向。

默认材质正反两面的颜色可以在"风格"编辑器的"编辑"选项卡中进行设置，如图 8-1 所示。

8.2 材质编辑器

执行"窗口→材质"菜单命令可以打开"材质"编辑器，如图 8-2 所示。在"材质"编辑器中可以选择和管理材质，也可以浏览当前模型中使用的材质。

"单击开始用笔刷绘图"窗口 ◨：该窗口的实质就是用于材质预览窗口，选择或者提取一个材质后，在该窗口中会显示这个材质，同时会自动激活"材质"工具 ◈。

"名称"文本框：选择一个材质赋予模型以后，在"名称"文本框中将显示材质的名称，用户可以在这里为材质重新命名，如图 8-3 所示。

图 8-1

图 8-2

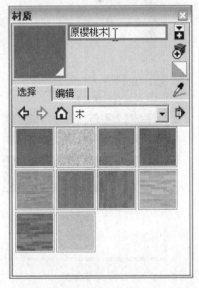

图 8-3

"创建材质"按钮 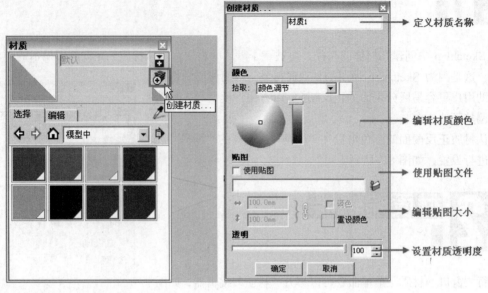：单击该按钮将弹出"创建材质"对话框，在该对话框中可以设置材质的名称、颜色、大小等属性信息，如图 8-4 所示。

图 8-4

8.2.1 "选择"选项卡

"选择"选项卡的界面如图 8-5 所示，该选项卡主要是对场景中材质的选择。

"后退"按钮 ⬅️/"前进"按钮 ➡️：在浏览材质库时，这两个按钮可以前进或者后退。

"模型中"按钮 🏠：单击该按钮可以快速返回"模型中"材质列表。

"详细信息"按钮 ➡️：单击该按钮将弹出一个快捷菜单，如图 8-6 所示。

图 8-5

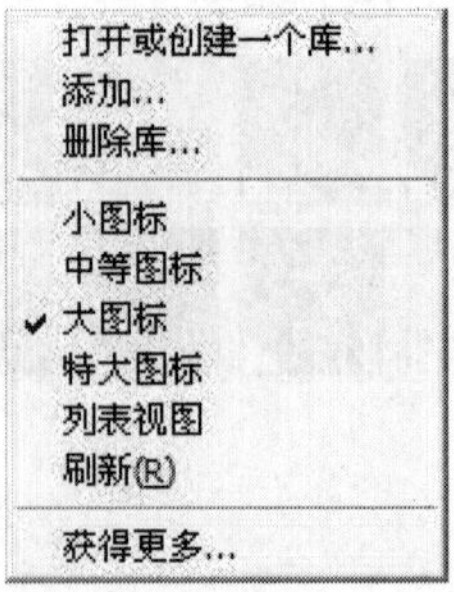

图 8-6

打开或创建一个库：该命令用于载入一个已经存在的文件夹或创建一个文件夹到"材质"编辑

器中。执行该命令弹出的对话框中不能显示文件，只能显示文件夹。

添加：该命令用于将选择的文件夹添加到收藏夹中。

删除库：该命令可以将选择的文件夹从收藏夹中删除。

小图标/大图标/中图标/特大图标/列表视图："列表视图"命令用于将材质图标以列表状态显示，其余 4 个命令用于调整材质图标显示的大小，如图 8-7 所示。

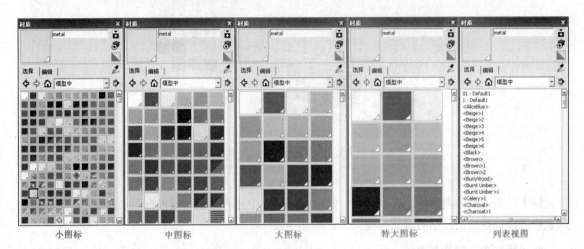

小图标　　　　　中图标　　　　　大图标　　　　　特大图标　　　　　列表视图

图 8-7

"提取材质"工具 ✐：单击该按钮可以从场景中提取材质，并将其设置为当前材质。

课堂案例——提取场景中的材质并填充

案例学习目标：提取场景中已有的材质，填充给其他物体。

案例知识要点：使用"提取材质"工具。

光盘文件位置：光盘>第 8 章>课堂案例——提取场景中的材质并填充。

（1）激活"提取材质"工具 ✐，此时光标将变成吸管形状 ✐，如图 8-8 所示。

（2）在要提取的材质上单击鼠标左键，提取的材质将出现在"单击开始用笔刷绘图"窗口 ◣ 中（也可以使用"材质"工具 ⊗ 并配合 Alt 键提取材质），如图 8-9 所示。

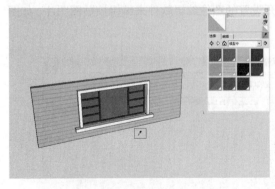

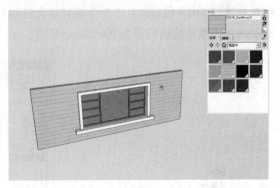

图 8-8　　　　　　　　　　　　　　　图 8-9

（3）完成材质的提取后，将自动激活"材质"工具 ⊗，如果想将提取的材质填充到模型上，可以直接在模型上单击鼠标左键，如图 8-10 所示。

⊙ 技巧与提示："提取材质"工具 ✐ 不仅能提取材质，还能提取材质的大小和坐标。如果不使用"提取材质"工具 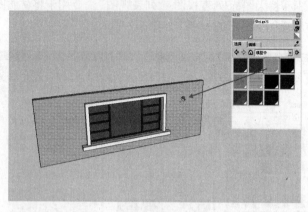 ，而是直接从材质库中选择同样的材质贴图，往往会出现坐标轴对不上的情况，还要重新调整坐标和位置。所以建议读者在进行材质填充操作的时候多使用"提取材质"工具 。

图 8-10

除了前面讲解的内容外，在"选择"选项卡的界面中还有一个"列表框"，在该列表框的下拉列表中可以选择当前显示的材质类型。

1. "模型中"材质列表

应用材质后，材质会被添加到"材质"编辑器的"模型中"材质列表，在对文件进行保存时，这个列表中的材质会和模型一起被保存。

在"模型中"材质列表中显示的是当前场景中使用的材质。被赋予模型的材质右下角带有一个小三角，没有小三角的材质表示曾经在模型中使用过，但是现在没有使用。

如果在材质列表中的材质上单击鼠标右键，将弹出一个快捷菜单，如图 8-11 所示。

删除：该命令用于将选择的材质从模型中删除，原来赋予该材质的物体被赋予默认材质。

另存为：该命令用于将材质存储到其他材质库。

导出纹理图片：该命令用于将贴图存储为图片格式。

编辑纹理图片：如果在"系统属性"对话框的"应用程序"面板中设置过默认的图像编辑软件，那么在执行"编辑纹理图片"命令的时候会自动打开设置的图像编辑软件来编辑该贴图图片，如图 8-12 所示，默认的编辑器为 Photoshop 软件。

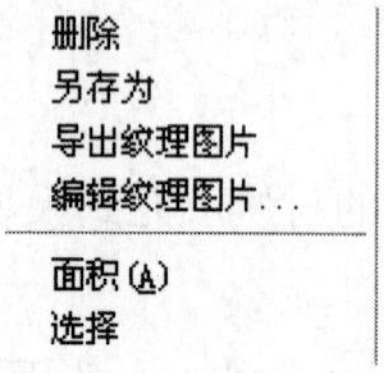

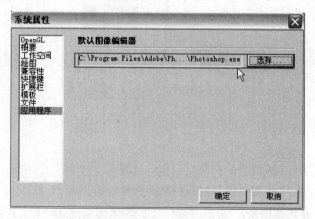

图 8-11

图 8-12

面积：执行该命令将准确地计算出模型中所有应用此材质表面的表面积之和。

选择：该命令用于选中模型中应用此材质的表面。

2. "材质"列表

在"材质"列表中显示的是材质库中的材质，如图 8-13 所示。

在"材质"列表中可以选择需要的材质，如选择"屋顶"选项，那么在材质列表中会显示预设的屋顶材质，如图 8-14 所示。

8.2.2　"编辑"选项卡

"编辑"选项卡的界面如图 8-15 所示，进入此选项卡可以对材质的属性进行修改。

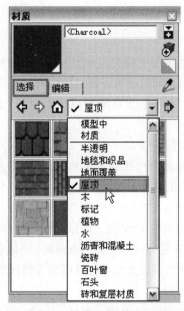
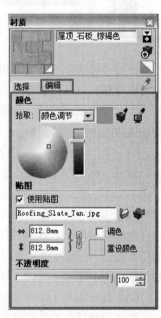

图 8-13　　　　　　　　　图 8-14　　　　　　　　　图 8-15

拾取：在该项的下拉列表中可以选择 SketchUp 提供的 4 种颜色体系，如图 8-16 所示。

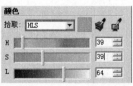

图 8-16

颜色调节：使用这种颜色体系可以从色盘上直接取色。用户可以使用鼠标在色盘内选择需要的颜色，选择的颜色会在"单击开始用笔刷绘图"窗口▧和模型中实时显示以供参考。色盘右侧的滑块可以调节色彩的明度，越向上明度越高，越向下越接近于黑色。

HLS：HLS 分别代表色相、亮度和饱和度，这种颜色体系最善于调节灰度值。

HSB：HSB 分别代表色相、饱和度和明度，这种颜色体系最善于调节非饱和颜色。

RGB：RGB 分别代表红、绿、蓝 3 色，RGB 颜色体系中的 3 个滑块是互相关联的，改变其中的一个，其他两个滑块颜色也会改变。用户也可以在右侧的数值输入框中输入数值进行调节。

"在模型中提取材质"按钮 ✔：单击该按钮将从模型中取样。

"匹配屏幕上的颜色"按钮 ✔：单击该按钮将从屏幕中取样。

"长宽比"文本框：在 SketchUp 中的贴图都是连续重复的贴图单元，在该文本框中输入数值可以修改贴图单元的大小。默认的长宽比是锁定的，单击"切换长宽比锁定/解锁"按钮 即可解锁，此时图标将变为 。

透明：材质的透明度介于 0~100 之间，值越小越透明。对表面应用透明材质可以使其具有透明性。通过"材质"编辑器可以对任何材质设置透明度，而且表面的正反两面都可以使用透明材质，也可以单独一个表面用透明材质，另一面不用。

8.3 填充材质

使用"材质"工具 可以为模型中的实体分配材质（颜色和贴图），既可以为单个元素上色，也可以填充一组组件相连的表面，同时还可以覆盖模型中的某些材质。

配合键盘上的按键，使用"材质"工具 可以快速为多个表面同时分配材质。下面就对相应的按键功能进行讲解。

（1）单个填充（无需配合任何按键）。

激活"材质"工具 后，在单个边线或表面上单击鼠标左键即可赋予其材质。如果事先选中了多个物体，则可以同时为选中的物体上色。

（2）邻接填充（配合 Ctrl 键）。

激活"材质"工具 的同时按住 Ctrl 键，可以同时填充与所选表面相邻接并且使用相同材质的所有表面。在这种情况下，当捕捉到可以填充的表面时，图标右上角会横放 3 个小方块，变为 。如果事先选中了多个物体，那么邻接填充操作会被限制在所选范围之内。

（3）替换填充（配合 Shift 键）。

激活"材质"工具 的同时按住 Shift 键，图标右上角会直角排列 3 个小方块，变为 ，可以用当前材质替换所选表面的材质。模型中所有使用该材质的物体都会同时改变材质。

（4）邻接替换（配合 Ctrl+ Shift 组合键）。

激活"材质"工具 的同时按住 Ctrl+ Shift 组合键，可以实现"邻接填充"和"替换填充"的效果。在这种情况下，当捕捉到可以填充的表面时，图标右上角会竖直排列 3 个小方块，变为 ，单击即可替换所选表面的材质，但替换的对象将限制在所选表面有物理连接的几何体中。如果事先选择了多个物体，那么邻接替换操作会被限制在所选范围之内。

（5）提取材质（配合 Alt 键）。

激活"材质"工具 的同时按住 Alt 键，图标将变成 ，此时单击模型中的实体，就能提取该实体的材质。提取的材质会被设置为当前材质，用户可以直接用来填充其他物体。

课堂案例——创建二维色块树木组件

案例学习目标：为二维树木赋予颜色。

案例知识要点：运用"材质"编辑器为树木赋予彩色半透明材质。

光盘文件位置：光盘>第 8 章>课堂案例——创建二维色块树木组件。

（1）首先用直线描绘出树木的轮廓线，如图 8-17 所示。

（2）执行"窗口→材质"菜单命令，打开"材质"编辑器，为场景添加几个新的材质并设置一定的透明度，如图 8-18 所示。

图 8-17

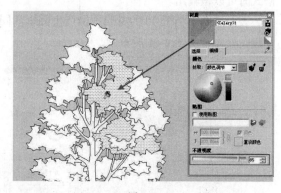

图 8-18

（3）采用相似的方法为其他部分赋予相应的材质，如图 8-19 所示。

图 8-19

（4）单击鼠标右键，在弹出的快捷菜单中选择"制作组件"命令，在打开的"创建组件"对话框中为组件命名并勾选"总是面向相机"和"阴影面向太阳"，这样一个 2D 的树木组件就创建完成了，打开阴影显示，效果如图 8-20 所示。

图 8-20

技术专题——透明材质的阴影显示

SketchUp 无法提供照片级的阴影效果，模型的表面要么产生整个面的投影，要么不产生投影。如果需要更写实的阴影效果，可以将模型导出至其他渲染软件中进行渲染。透明材质在输出 3DS 格式时可以被输出。

表面透明度小于 70 的材质不能产生阴影。同时，只有完全不透明，即透明度为 100 的表面才能接受投影，如图 8-21 所示。

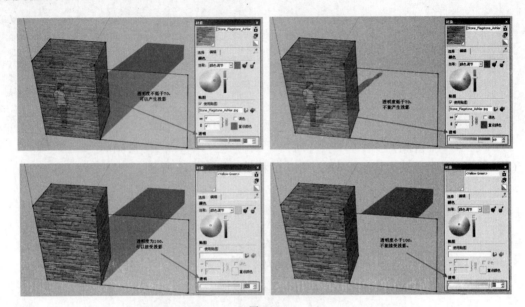

图 8-21

8.4 贴图的运用

在"材质"编辑器中可以使用 SketchUp 自带的材质库，当然，材质库中只是一些基本贴图，在实际工作中，还需要自己动手编辑材质。

如果需要从外部获得贴图纹理，可以在"材质"编辑器的"编辑"选项卡中勾选"使用贴图"选项（或者单击"浏览"按钮），此时将弹出一个对话框用于选择贴图并导入 SketchUp。从外部获得的贴图应尽量控制大小，如有必要可以使用压缩的图像格式来减小文件量，如 JPGE 或 PNG 格式。

课堂案例——创建藏宝箱

案例学习目标：掌握贴图材质的运用。

案例知识要点：使用"材质"编辑器的"编辑"选项卡中的"浏览"按钮，获取外部贴图。

光盘文件位置：光盘>第 8 章>课堂案例——创建藏宝箱。

（1）准备好贴图文件和需要贴图的模型。

（2）使用"选择"工具 选中需要贴图的部分，然后激活"材质"工具，接着打开"材质"编辑器，并在默认的材质中选择一个赋予物体，如图 8-22 所示。

（3）在"材质"编辑器的"编辑"选项卡中单击"浏览"按钮 ，打开事先准备好的外部贴图，此时贴图将被赋予到物体上，并且贴图的尺寸为默认尺寸，如图 8-23 所示。

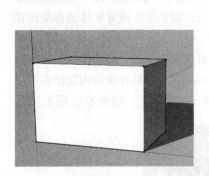

图 8-22

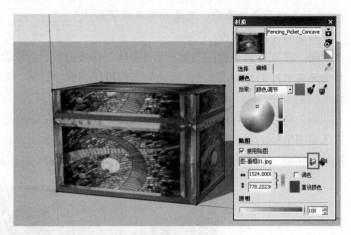

图 8-23

（4）调整贴图的尺寸，直到满意为止，如图 8-24 所示。

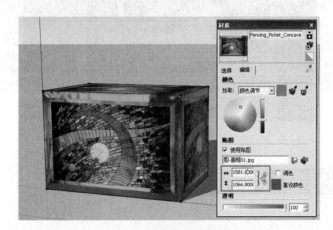

图 8-24

（5）调整完贴图尺寸后，贴图便被正确赋予了。但是当移动物体时，贴图不会随着物体一起移动，如图 8-25 所示。

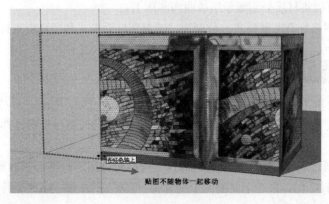

图 8-25

⚠ 提示： 导致贴图不随物体一起移动的原因在于贴图图片拥有一个坐标系统，坐标的原点就位于 SketchUp 坐标系的原点上。如果贴图正好被赋予实体的表面，就需要使物体的一个顶点正好与坐标系的原点相重合，这是非常不方便的。

解决的方法有两种。

第一种方法是在贴图之前，先将物体制作成组件，由于组件都有其自身的坐标系，且该坐标系不会随着组件的移动而改变，因此先制作组件再赋予材质，就不会出现贴图不随着实体的移动而移动的问题。

第二种方法是利用 SketchUp 的贴图坐标，首先在贴图的右键菜单中执行"贴图坐标"命令，进入贴图坐标的编辑状态，然后什么也不用做，只需再次单击鼠标右键，然后在弹出的快捷菜单中执行"完成"命令即可。退出编辑状态后，贴图就可以随着实体一起移动了，如图 8-26 所示。

图 8-26

8.5 贴图坐标的调整

SketchUp 的贴图是作为平铺对象应用的，不管表面是垂直、水平或者倾斜，贴图都附着在表面上，不受表面位置的影响。另外，贴图坐标能有效运用于平面，但是不能赋予到曲面。如果要在曲面上显示材质，可以将材质分别赋予组成曲面的面上。

SketchUp 的贴图坐标有两种模式，分别为"锁定别针"模式和"自由别针"模式。

8.5.1 "锁定别针"模式

在物体的贴图上单击鼠标右键，然后在弹出的快捷菜单中执行"贴图→位置"命令，此时物体的贴图将以透明方式显示，并且在贴图上会出现 4 个彩色的别针，每一个别针都有固定的特有功能，如图 8-27 所示。

"平行四边形变形"别针 ▨✥：拖曳蓝色的别针可以对贴图进行平行四边形变形操作。在移动"平行四边形变形别针"时，位于下面的两个别针（"移动"别针和"缩放旋转"别针）是固定的，贴图变形效果如图 8-28 所示。

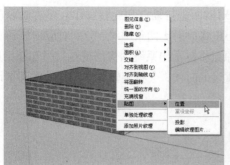

图 8-27

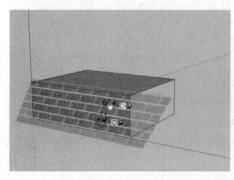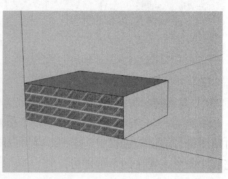

图 8-28

"移动"别针 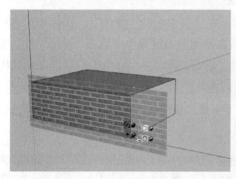：拖曳红色的别针可以移动贴图，如图 8-29 所示。

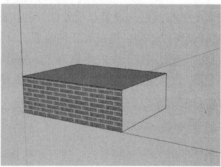

图 8-29

"梯形变形"别针 ▷：拖曳黄色的别针可以对贴图进行梯形变形操作，也可以形成透视效果，如图 8-30 所示。

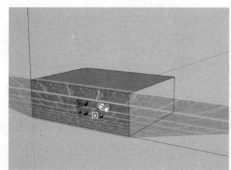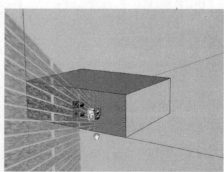

图 8-30

"缩放旋转"别针 ◐◔：拖曳绿色的别针可以对贴图进行缩放和旋转操作。单击鼠标左键时贴图上出现旋转的轮盘，移动鼠标时，从轮盘的中心点将放射出两条虚线，分别对应缩放和旋转操作前后比例与角度的变化。沿着虚线段和虚线弧的原点将显示出系统图像的现在尺寸和原始尺寸，或者也可以从右键菜单中执行"重设"命令。进行重设的时候，会将旋转和按比例缩放都重设，如图8-31所示。

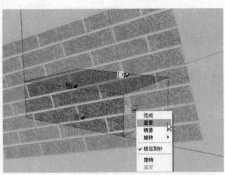

图 8-31

在对贴图进行编辑的过程中，按 Esc 键可以随时取消操作。完成贴图的调整后，在右键菜单中执行"完成"命令或者按回车键即可。

8.5.2 "自由别针"模式

"自由别针"模式适合设置和消除照片的扭曲。在"自由别针"模式下，别针相互之间都不互相限制，这样就可以将别针拖曳到任何位置。只需在贴图的右键菜单中取消"锁定别针"选项前面的勾，即可将"锁定别针"模式调整为"自由别针"模式，此时4个彩色的别针都会变成相同模样的黄色别针 ◐，用户可以通过拖曳别针进行贴图的调整，如图8-32所示。

ⓘ **技巧与提示**：为了更好地锁定贴图的角度，可以在"场景信息"管理器中设置角度的捕捉为15°或45°，如图8-33所示。

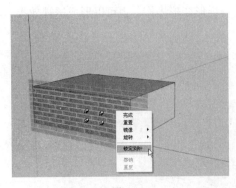

图 8-32

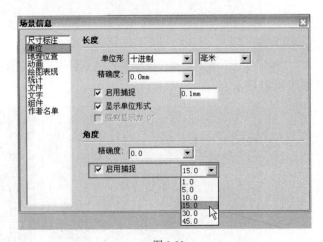

图 8-33

课堂案例——调整中心广场的铺地

案例学习目标：灵活调整贴图坐标和大小。

案例知识要点：使用右键关联菜单选择"贴图→位置"，再利用鼠标拖曳"别针"调整坐标和大小。

光盘文件位置：光盘>第 8 章>课堂案例——调整中心广场的铺地。

（1）打开配套光盘中的场景文件，如图 8-34 所示。

（2）选择中心圆的面并单击鼠标右键，在弹出的快捷菜单中选择"贴图→位置"命令，如图 8-35 所示。

图 8-34

图 8-35

（3）接着拖曳"别针"来调整中心景观贴图的大小及位置，然后按回车键完成贴图的调整，如图 8-36 所示。

图 8-36

8.6 贴图的技巧

8.6.1 转角贴图

SketchUp 的贴图可以包裹模型转角。

课堂案例——包裹模型转角

案例学习目标：掌握转角贴图的使用方法。

案例知识要点：使用右键关联菜单选择"贴图→位置"，再利用鼠标拖曳"别针"调整坐标和大小。

光盘文件位置：光盘>第 8 章>课堂案例——包裹模型转角。

（1）打开光盘的配套场景文件，然后将所需的贴图添加到"材质"编辑器中，接着将贴图材质赋予长方体的一个面，如图 8-37 所示。

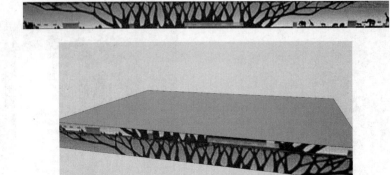

图 8-37

（2）在贴图表面单击鼠标右键，然后在弹出的快捷菜单中执行"贴图→位置"命令，进入贴图坐标的操作状态，此时不要做任何操作，直接在右键菜单中执行"完成"命令，如图 8-38 所示。

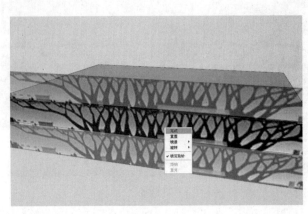

图 8-38

（3）单击"材质"编辑器中的"提取材质"按钮 ✐（或者使用"材质"工具 ✍并配合 Alt 键），然后单击被赋予材质的面，进行材质取样，接着单击其相邻的表面，将取样的材质赋予相邻表面上，赋予的材质贴图会自动无错位相接，如图 8-39 所示。

8.6.2 圆柱体的无缝贴图

在为圆柱体赋予材质时，有时候虽然材质能够完全包裹住物体，但是在连接时还是会出现错位的情况，出现这种情况就要利用物体的贴图坐标和查看隐藏物体来解决。

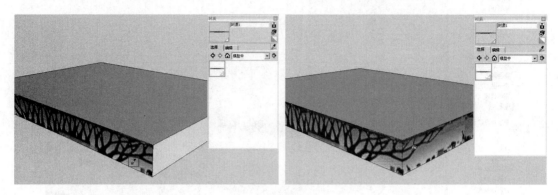

图 8-39

课堂案例——创建个性笔筒

案例学习目标：掌握圆柱体的无缝贴图的方法。

案例知识要点：使用右键菜单中的"贴图→位置"命令。

光盘文件位置：光盘>第 8 章>课堂案例——创建个性笔筒。

（1）创建一个圆柱体，然后将材质贴图赋予圆柱体，并调整贴图的大小。此时转动圆柱体，会发现明显的错位情况，如图 8-40 所示。

图 8-40

（2）执行"查看→虚显隐藏物体"菜单命令，如图 8-41 所示，将物体的网格线显示出来。

图 8-41

（3）在物体上单击鼠标右键，然后在弹出的快捷菜单中执行"贴图→位置"命令，并对圆柱体其中一个分面进行重设贴图坐标操作，完成后在右键菜单中执行"完成"命令，如图 8-42 所示。

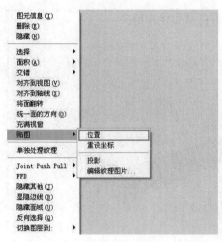

图 8-42

（4）单击"材质"编辑器中的"提取材质"按钮 ，然后单击已经赋予材质的圆柱体的面，进行材质取样。接着为圆柱体的其他面赋予材质，此时贴图没有错位现象，如图 8-43 所示。

图 8-43

8.6.3 投影贴图

SketchUp 的贴图坐标可以投影贴图，就像将一个幻灯片用投影机投影一样。如果希望在模型上投影地形图像或者建筑图像，那么投影贴图就非常有用。任何曲面不论是否被柔化，都可以使用投影贴图来实现无缝拼接。

课堂案例——将遥感图像赋予地形模型

案例学习目标：掌握投影贴图命令。

案例知识要点：使用右键菜单中的"贴图→投影"命令。

光盘文件位置：光盘>第 8 章>课堂案例——将遥感图像赋予地形模型。

（1）打开光盘中配套的地形模型文件，这是利用沙盒工具推拉出的某地块周边重要的山体模型，如图 8-44 所示。

（2）在该地形的上方用矩形工具创建一个矩形面，并赋予某地区的遥感图像，如图 8-45 所示。

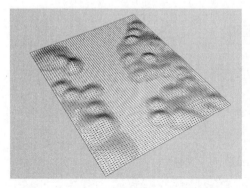

图 8-44

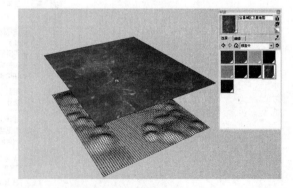

图 8-45

（3）在贴图上单击鼠标右键，然后在弹出的快捷菜单中选择"贴图→投影"命令，如果"投影"

选项是自动开启的，可以直接执行该命令。如果没有开启，请勾选打开此选项，如图 8-46 所示。

（4）单击"材质"编辑器中的"提取材质"按钮 ✎ ，然后单击贴图图像，进行材质取样。接着将提取的材质赋予地形模型，如图 8-47 所示。

图 8-46

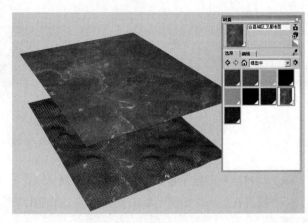

图 8-47

这种方法可以构建较为直观的地形地貌特征，对整个城市或某片区进行大区域的环境分析，是比较有现实意义的一种分析方法，如图 8-48 所示。

图 8-48

技巧与提示： 实际上，投影贴图不同于包裹贴图，包裹贴图的花纹是随着物体形状的转折而转折的，花纹大小不会改变；但是投影贴图的图像来源于平面，相当于把贴图拉伸，使其与三维实体相交，是贴图正面投影到物体上形成的形状。因此，使用投影贴图会使贴图有一定变形。

8.6.4 球面贴图

明白了投影贴图的原理，那么曲面的贴图自然就会了，因为曲面实际上就是由很多三角面组成的。

课堂举例——创建玻璃球

案例学习目标：掌握球面贴图的运用。

案例知识要点：使用"路径跟随"命令创建球体，对球体使用右键菜单中的"贴图→投影"命令。

光盘文件位置：光盘>第 8 章>课堂举例——创建玻璃球。

（1）绘制圆球体。方法如下：绘制两个互相垂直、同样大小的圆，然后将其中一个圆的面删除，只保留边线，接着选择这条边线并激活"跟随路径"工具，最后单击平面圆的面，生成球体。再创建一个竖直的矩形平面，矩形面的长宽与球体直径相一致，如图 8-49 所示。

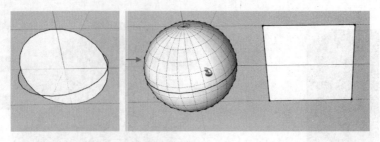

图 8-49

（2）将材质贴图赋予矩形面，如图 8-50 所示。

（3）接着在矩形面贴图上单击鼠标右键，在弹出的快捷菜单中执行"贴图→投影"命令，如图 8-51 所示。

图 8-50

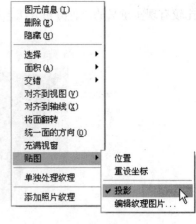

图 8-51

（4）选中球体，单击"选择"选项卡，单击"提取材质"按钮，然后单击平面的贴图图像进行材质取样，接着将提取的材质赋予球体，如图 8-52 所示。

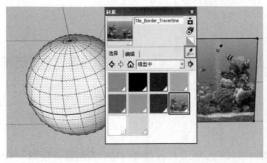

图 8-52

（5）将虚显的球体边线隐藏，完成玻璃水晶球的制作，效果如图 8-53 所示。

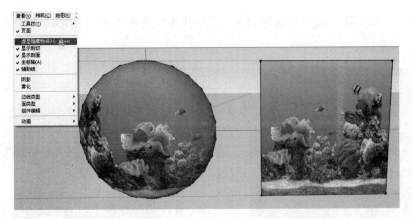

图 8-53

8.6.5　PNG 贴图

镂空贴图图片的格式要求为 PNG 格式，或者带有通道的 TIF 格式和 TGA 格式。

在"材质"编辑器中可以直接调用这些格式的图片。另外，SketchUp 不支持镂空显示阴影，如果要想得到正确的镂空阴影效果，需要将模型中的物体平面进行修改和镂空，尽量与贴图大致一致。

⚙ **技巧与提示**：PNG 格式是 20 世纪 90 年代中期开发的图像文件存储格式，其目的是想替代 GIF 格式和 TIFF 格式。PNG 格式增加了一些 GIF 格式文件所不具备的特性，在 SketchUp 中主要运用它的透明性。

课堂案例——创建二维仿真树木组件

案例学习目标：利用 PNG 贴图命令，创建二维仿真树木组件。

案例知识要点：使用右键菜单中的"贴图→位置"命令。

光盘文件位置：光盘>第 8 章>课堂案例——创建二维仿真树木组件。

（1）首先打开 Photoshop 软件，打开一张树木的图片，然后双击背景图层，将其转换为普通图层（图层 1），如图 8-54 所示。

图 8-54

（2）使用"魔棒工具" （快捷键为 W）选中树木以外的区域，按 Delete 键删除，如图 8-55 所示。

图 8-55

提示： 在使用"魔棒工具"的时候可以对"容差"进行设置，并且取消对"连续的"选项的勾选，这样方便快速选择蓝色的选区，如图 8-56 所示。

图 8-56

（3）取消对背景选区的选择（快捷键为 Ctrl+D），然后按住 Ctrl 键单击图层图标，选中树木，调整树木的长宽和形状（快捷键 Ctrl+T），如图 8-57 所示。

图 8-57

（4）执行"文件→存储为"菜单命令，将图片另存为 PNG 格式，"PNG 选项"选择"无"交错，如图 8-58 所示。

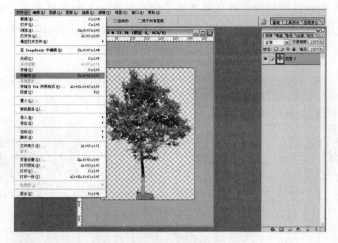

图 8-58

提示与技巧：PNG 格式可保留透明的背景，而 JPG 格式不能保留透明背景。

（5）将生成的 PNG 图片导入到 SketchUp，将树木主干的中心点对齐坐标轴的原点，如图 8-59 所示。

图 8-59

（6）选择导入的图片后单击鼠标右键将其炸开，并用直线工具描绘出树木的轮廓，如图 8-60 所示。

💡 **提示与技巧**：在此描出树的轮廓线主要是为了能投影出树木的大概形态，如果不描出轮廓线的话，投影会呈现矩形形状。但是轮廓线会在接下来的步骤中加以隐藏，所以不需要描得太精细。

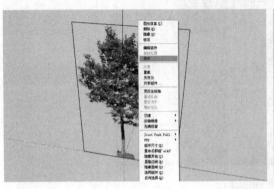

图 8-60

（7）全选树木，单击鼠标右键，在弹出的快捷菜单中选择"显隐边线"命令，并再次单击鼠标右键后选择"制作组件"命令，在"创建组件"对话框中为组件命名为"tree01"，并勾选"总是面向相机"和"阴影面向太阳"选项，这样一个 2D 的树木组件就创建完成了，如图 8-61 所示。

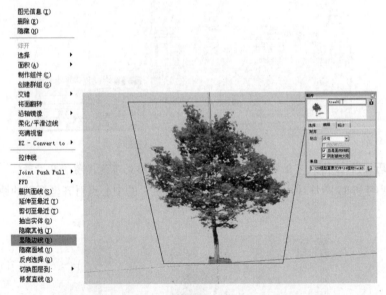

图 8-61

8.7 课堂练习——创建笔记本电脑

练习知识要点：利用贴图命令，为笔记本模型添加贴图，如图 8-62 所示。

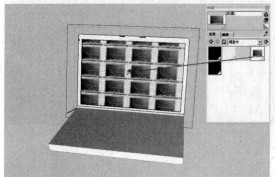

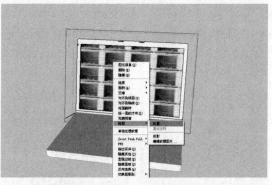

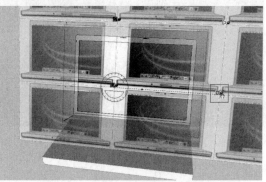

图 8-62

效果所在位置：光盘>第 8 章>课堂练习——创建笔记本电脑。

8.8 课后习题——创建落水壁泉

习题知识要点：导入 PNG 图片，对其进行"移动/复制"、"旋转"和"隐藏边线"的操作，如图 8-63 所示。

光盘文件位置：光盘>第 8 章>课后习题——创建落水壁泉。

图 8-63

第 **9** 章 页面与动画

【本章导读】

一般在设计方案初步确定以后，我们会以不同的角度或属性设置不同的储存页面，通过"页面"标签的选择，可以方便地进行多个页面视图的切换，方便对方案进行多角度对比；另外，通过页面的设置可以批量导出图片，或者制作展示动画，并可以结合"阴影"或"剖切面"制作出生动有趣的光影动画和生长动画，为实现"动态设计"提供了条件。本章将系统地介绍页面的设置、图像的导出、动画的制作等有关内容。

【要点索引】

- 掌握增减和删减页面的方法
- 掌握制作幻灯片演示动画的方法
- 掌握导出 AVI 格式动画的方法
- 了解阴影动画的制作方法

9.1 页面及"页面"管理器

SketchUp 中页面的功能主要用于保存视图和创建动画，页面可以存储显示设置、图层设置、阴影和视图等，通过绘图窗口上方的页面标签可以快速切换页面显示。SketchUp 8.0 新增了页面缩略图功能，用户可以在"页面"管理器中直观地浏览和选择。

执行"窗口→页面管理"菜单命令即可打开"页面"管理器，通过"页面"管理器可以添加和删除页面，也可以对页面进行属性修改，如图 9-1 所示。

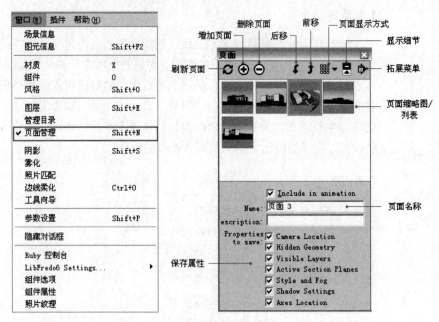

图 9-1

"添加页面"按钮⊕：单击该按钮将在当前相机设置下添加一个新的页面。

"删除页面"按钮⊖：单击该按钮将删除选择的页面。也可以在页面标签上单击鼠标右键，然后在弹出的快捷菜单中执行"删除"命令进行删除。

"刷新页面"按钮 ↻：如果对页面进行了改变，则需要单击该按钮进行更新。也可以在页面标签上单击鼠标右键，然后在弹出的快捷菜单中执行"更新"命令。

"向下移动页面"按钮 ↓/"向上移动页面"按钮 ↑：这两个按钮用于移动页面的前后位置。对应页面标签右键菜单中的"左移"和"右移"命令。

ⓘ **技巧与提示**：单击绘图窗口左上方的页面标签可以快速切换所记录的视图窗口。右击页面标签也能弹出页面管理命令，可对页面进行更新、添加或删除等操作，如图 9-2 所示。

"视图选项"按钮▦▾：单击此按钮可以改变页面视图的显示方式，如图 9-3 所示。在缩略图右下角有一个铅笔的页面，表示为当前页面。在页面数量多，难以快速准确找到所需页面的情况下，这项新增功能显得非常重要。

图 9-3

图 9-2

技巧与提示：SketchUp 8.0 的"页面"管理器新增加了页面缩略图，可以直观地显示页面视图，使查找页面变得更加方便，也可以右击缩略图进行页面的添加和更新等操作，如图 9-4 所示。

技巧与提示：在创建页面时，或者将 SketchUp 低版本中创建的含有页面属性的模型在SketchUp 8.0 中打开生成缩略场景时，可能需要一定的时间进行页面缩略图的渲染，这时候可以选择等待或者取消渲染操作，如图 9-5 所示。

图 9-4

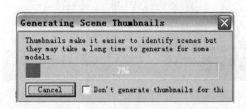

图 9-5

"显示/隐藏详细情况"按钮 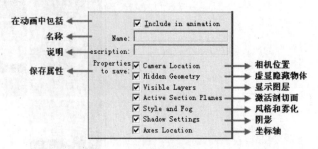：每一个页面都包含了很多属性设置，如图 9-6 所示，单击该按钮即可显示或者隐藏这些属性。

图 9-6

Include in animation（在动画中包括）：当动画被激活以后，选中该选项则页面会连续显示在动画中。如果没有勾选该选项，则播放动画时会自动跳过该页面。

Name（名称）：可以改变页面的名称，也可以使用默认的页面名称。

escription（说明）：可以为页面添加简单的描述。

Properties to save（保存的属性）：包含了很多属性选项，选中了则记录相关属性的变化，不选则不记录。在不选的情况下，当前页面的这个属性会延续上一个页面的特征。例如，取消勾选 Shadow Settings（阴影）选项，那么从前一个页面切换到当前页面时，阴影将停留在前一个页面的阴影状态下；同时，当前页面的阴影状态将被自动取消；如果需要恢复，就必须再次选中"阴影"选项，并重新设置阴影，还需要再次刷新。

课堂案例——为场景添加多个页面

案例学习目标：使用页面管理器为场景添加页面。

案例知识要点：调整视图角度，使用页面管理器，单击"添加"按钮添加页面。

光盘文件位置：光盘>第 9 章>课堂案例——为场景添加多个页面。

（1）执行"窗口→页面管理"菜单命令，在弹出的"页面"管理器中，单击添加按钮 ⊕，完成"页面 1"的添加，如图 9-7 所示。

（2）调整视图，重点表达入口的侧面效果。单击添加按钮 ⊕，完成"页面 2"的添加，如图 9-8 所示。

图 9-7

图 9-8

（3）采用相同的方法，完成其他页面的添加，如图 9-9 所示。

图 9-9

9.2 动画

SketchUp 的动画主要通过页面来实现，在不同页面场景之间可以平滑地过渡雾化、阴影、背景、天空等效果。SketchUp 的动画制作过程简单，成本低，被广泛用于概念性设计成果展示。

9.2.1 幻灯片演示

首先设定一系列不同视角的页面，并尽量使得相邻页面之间的视角与视距不要相差太远，数量也不宜太多，只需选择能充分表达设计意图的代表性页面即可。然后执行"查看→动画→播放"菜单命令，可以打开"动画"对话框，单击 ▶ 播放 按钮即可播放页面的展示动画，单击"停止"按钮即可暂

图 9-10

停幻灯片播放，如图 9-10 所示。

> **技巧与提示**：为了动画播放流畅，一般将场景延时设置为 0 秒，如图 9-11 所示。

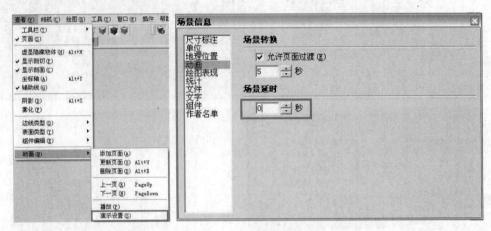

图 9-11

9.2.2 导出 AVI 格式的动画

对于简单的模型，采用幻灯片播放还能保持平滑动态显示，但在处理复杂模型的时候，如果仍要保持画面流畅就需要导出动画文件了。这是因为采用幻灯片播放时，每秒显示的帧数取决于计算机的即时运算能力；而导出视频文件的话，SketchUp 会使用额外的时间来渲染更多的帧，以保证画面的流畅播放。导出视频文件需要更多的时间。

想要导出动画文件，只需执行"文件→导出→动画"菜单命令，然后在弹出的"导出动画"对话框中设定导出格式为"Avi 文件（*.avi 格式）"，接着对导出选项进行设置即可，如图 9-12 所示。

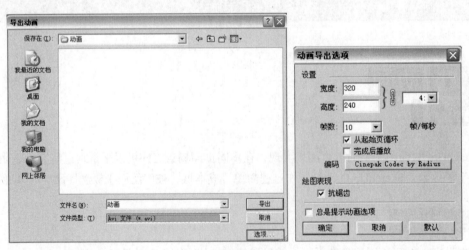

图 9-12

宽度/高度：这两项的数值用于控制每帧画面的尺寸，以像素为单位。一般情况下，帧画面尺寸设为 400×300 像素或者 320×240 像素即可。如果是 640×480 像素的视频文件，那就可以全屏播放了。对视频而言，人脑在一定时间内对于信息量的处理能力是有限的，其运动连贯性比静态图像的细节更重要。所以，可以从模型中分别提取高分辨率的图像和较小帧画面尺寸的视频，既可以展示细节，又可以动态展示空间关系。

🔔 **技巧与提示**：如果是用 DVD 播放，画面的宽度需要 720 像素。

"切换长宽比锁定/解锁"按钮 ▒：该按钮用于锁定或者解除锁定画面尺寸的长宽比。

🔔 **技巧与提示**：电视机、大多数计算机屏幕和 1950 年以前电影的标准比例是 4∶3；宽银屏显示（包括数字电视、等离子电视等）的标准比例是 16∶9。

帧数：帧数是指每秒产生的帧画面数。帧数与渲染时间以及视频文件大小呈正比，帧数值越大，渲染所花费的时间以及输出后的视频文件就越大。帧数设置为 8~10 帧/每秒是画面连续的最低要求，12~15 帧/每秒既可以控制文件的大小也可以保证流畅播放，24~30 帧/每秒之间的设置就相当于"全速"播放了。当然，用户还可以设置 5 帧/每秒来渲染一个粗糙的动画来预览效果，这样能节约大量时间，并且发现一些潜在的问题，如高宽比不对、照相机穿墙等。

🔔 **技巧与提示**：一些程序或设备要求特定的帧数。例如，有一些国家的电视要求帧数为 29.97 帧/每秒，欧洲的电视要求 25 帧/每秒，电影需要 24 帧/每秒，国内的电视要求 25 帧/每秒等。

从起始页循环：勾选该选项可以从最后一个页面倒退到第一个页面，创建无限循环的动画。

完成后播放：如果勾选该选项，那么一旦创建出视频文件，将立刻用默认的播放机来播放该文件。

编码：制定编码器或压缩插件，也可以调整动画质量设置。SketchUp 默认的编码器为 Cinepak Codec by Radius，可以在所有平台上顺利运行，用 CD-ROM 流畅回放，支持固定文件大小的压缩形式。

抗锯齿：勾选该选项后，SketchUp 会对导出的图像作平滑处理。虽然需要更多的导出时间，但是可以减少图像中的线条锯齿。

总是提示动画选项：在创建视频文件之前总是先显示这个选项对话框。

🔔 **技巧与提示**：为避免 SketchUp 无法导出 AVI 文件，建议在建模的时候材质使用英文名，文件也保存为一个英文名或者拼音，保存路径最好不要设置在中文名称的文件夹内（包括"桌面"也不行），而是新建一个英文名称的文件夹，然后保存在某个盘的根目录下。

课堂案例——导出动画

案例学习目标：掌握导出 AVI 动画的方法。

案例知识要点：添加多个页面以后，执行"文件→导出→动画"命令，在"导出动画"对话框中设置动画参数。

光盘文件位置：光盘>第 9 章>课堂案例——导出动画。

在"添加页面"的练习中，我们已经设置好了多个页面，现在将页面导出为动画。

（1）打开前面"添加页面"的练习模型，执行"文件→导出→动画"菜单命令，如图 9-13 所示。

（2）在弹出的"导出动画"对话框中设置文件保存的位置和文件名称，选择正确的导出格式（Avi 格式），接着单击"选项"按钮，如图 9-14 所示。

（3）弹出"动画导出选项"对话框，设置画面大小为 320*240，帧数为 10，勾选"从起始页循环"选项，绘图表现选择"抗锯齿"，单击"确定"按钮，如图 9-15 所示。

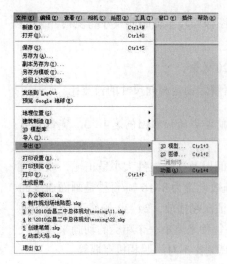

图 9-13

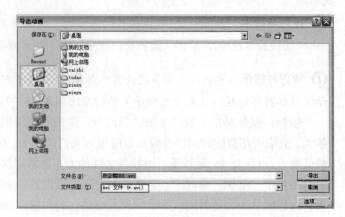

图 9-14

（4）动画文件被导出，导出进程表如图 9-16 所示。

图 9-15

图 9-16

技术专题——导出动画的注意事项

通过实践经验，我们总结出了导出动画时的以下注意事项。

（1）尽量设置好页面

从创建页面到导出动画再到后期合成，需要花费相当多的时间。因此，我们应该尽量地利用 SketchUp 的实时渲染功能，事先将每个页面的细节和各项参数调整好后再行渲染。

（2）创建预览动画

在创建复杂场景的大型动画之前，最好先导出一个较小的预览动画以查看效果。把帧画面的尺寸设为 200 左右，同时降低帧率为每秒 5~8 帧。这样的画面虽然没有表现力，但渲染很快，又能显示出一些潜在的问题，如屏幕高宽比不佳、照相机穿墙等，以便作出相应调整。

（3）合理安排时间

虽然 SketchUp 动画的渲染速度比其他渲染软件快得多，但还是比较耗时的，尤其是在导出带阴影效果、高帧率、高分辨率动画的时候，所以要合理安排好时间，在人休息的时候让计算机进行耗时的动画渲染。

（4）发挥 SketchUp 的优势

充分发挥 SketchUp 的阴影、剖面、建筑空间的漫游等方面的优势，可以更加充分地表现建筑设计思想和空间的设计细节。

9.3 制作方案展示动画

除了前文所讲述的直接将多个页面导出为动画以外，还可以将 SketchUp 的动画功能与其他功能结合起来生成动画。可以将"剖切"动能与"页面"功能结合生成"剖切生长"动画，由于涉及剖切操作，我们将在下一章进行详细讲解。另外，还可以结合 SketchUp 的"阴影"设置和"页面"功能生成阴影动画，为模型带来阴影变化的视觉效果。下面以某办公楼为例，讲解阴影动画的制作。

课堂案例——制作阴影动画

案例学习目标：掌握制作阴影动画的方法。

案例知识要点：在不同阴影状态下创建多个页面，最后导出页面动画。

光盘文件位置：光盘>第 9 章>课堂案例——制作阴影动画。

阴影动画是综合运用 SketchUp 的阴影设置和页面功能而生成的，可以带来建筑阴影随时间变化而变化的视觉效果动画，其制作过程如下。

（1）执行"窗口→阴影"菜单命令，打开"阴影设置"对话框，对"日期"进行设置，在此设定为 8 月 1 日，如图 9-17 所示。

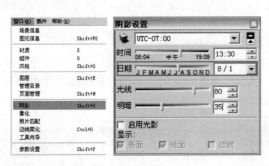

图 9-17

（2）将时间滑块拖曳至最左侧，然后激活"显示/隐藏阴影"按钮，接着打开"页面"管理器创建一个新的页面，如图 9-18 所示。

图 9-18

（3）将时间滑块拖曳至最右侧，然后再添加一个新的页面，如图 9-19 所示。

图 9-19

（4）打开"场景信息"管理器，然后在"动画"面板中设置"允许页面过渡"为 5 秒、"场景延时"为 0 秒，如图 9-20 所示。

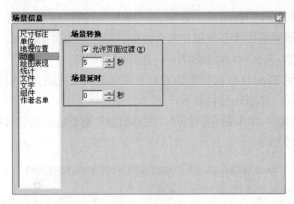

图 9-20

（5）完成以上设置后，执行"文件→导出→动画"菜单命令导出阴影动画，导出时注意设置好动画的保存路径和格式（AVI 格式），如图 9-21 所示。

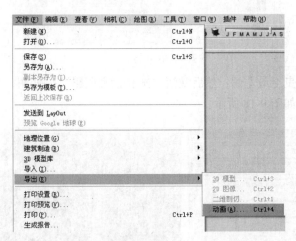

图 9-21

读者可以打开光盘查看该阴影动画的播放效果。完成导出后，可以再运用影音编辑软件（如 Adobe Premiere Pro CS4、绘声绘影等）对动画添加字幕和背景音乐等后期效果，有兴趣的同学可以尝试对动画进行简单的后期处理。

9.4 课堂练习——为场景添加多个页面

练习知识要点：利用页面管理器，为场景添加多个页面，如图 9-22 所示。

关盘文件位置：光盘>第 9 章>课堂练习——为场景添加多个页面。

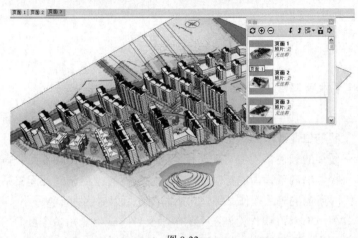

图 9-22

9.5 课后习题——制作阴影动画

习题知识要点：利用页面管理器以及阴影设置，在不同阴影状态下创建多个页面，最后导出页面动画，如图 9-23 所示。

效果所在位置：光盘>第 9 章>课后习题——制作阴影动画。

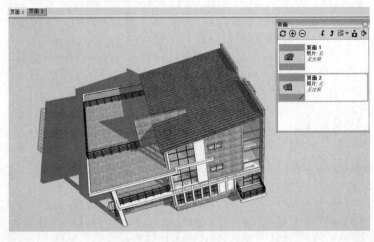

图 9-23

第 **10** 章　剖切平面

【本章导读】

"剖切平面"是 SketchUp 中的特殊命令，用来控制剖面效果。物体在空间的位置以及与群组和组件的关系决定了剖切效果的本质。用户可以控制剖面线的颜色，或者将剖面线创建为组。使用"剖切平面"命令可以方便地对物体的内部模型进行观察和编辑，展示模型内部的空间关系，减少编辑模型时所需的隐藏操作。另外，剖面图还可以导出为 DWG 和 DXF 格式的文件到 AutoCAD 中作为施工图的模板文件，或者利用多个页面的设置导出为建筑的生长动画等，这些内容将在本章加以详细讲述。

【要点索引】

- 掌握创建剖面的方法
- 掌握编辑剖面的方法
- 掌握导出剖面的方法

10.1 创建剖面

（1）选择需要增加剖面的实体，然后执行"工具→剖切平面"菜单命令，此时光标处会出现一个剖切面，移动光标到几何体上，剖切面会对齐到所在表面上，如图 10-1 所示。

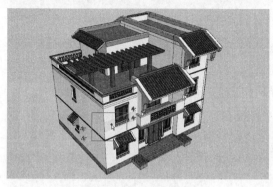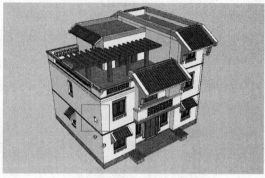

图 10-1

> **技巧与提示**：按住 Shift 键可以锁定剖面的平面定位。

（2）移动剖面至适当位置，然后单击鼠标左键放置剖面，如图 10-2 所示。

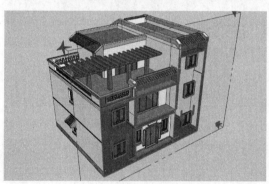

图 10-2

10.2 编辑剖面

10.2.1 "剖面"工具栏

"剖面"工具栏中的工具可以控制全局剖面的显示和隐藏。

执行"查看→工具栏→剖面"菜单命令，即可打开"剖面"工具栏。该工具栏共有 3 个工具，分别为"添加剖面"工具、"显示/隐藏剖切"工具和"显示/隐藏剖面"工具，如图 10-3 所示。

图 10-3

"添加剖面"工具：该工具用于创建剖面。

"显示/隐藏剖切"工具 ：该工具用于在剖面视图和完整模型视图之间切换，如图 10-4 所示。

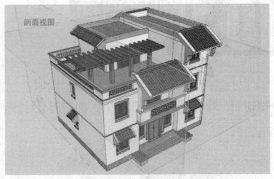

图 10-4

"显示/隐藏剖面"工具 ：该工具用于快速显示和隐藏所有剖切的面，如图 10-5 所示。

图 10-5

10.2.2 移动和旋转剖面

和其他实体一样，使用"移动/复制"工具 和"旋转"工具 可以对剖面进行移动和选择，如图 10-6 所示。

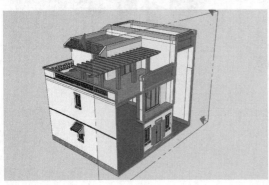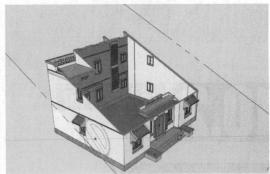

图 10-6

技巧与提示：在移动剖面时，剖切面只沿着垂直于自己表面的方向移动。

10.2.3 翻转剖切方向

在剖切面上单击鼠标右键，然后在弹出的快捷菜单中执行"反向"命令，可以翻转剖切的方向，如图 10-7 所示。

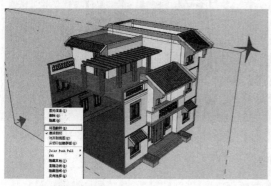

图 10-7

10.2.4　激活剖面

放置一个新的剖面后，该剖面会自动激活。在同一个模型中可以放置多个剖面，但一次只能激活一个剖面，激活一个剖面的同时会自动淡化其他剖面。

激活剖面有两种方法，一种是使用"选择"工具 ▶ 在剖面上双击鼠标左键；另一种是在剖面上单击鼠标右键，然后在弹出的快捷菜单中执行"激活剖切"命令，如图 10-8 所示。

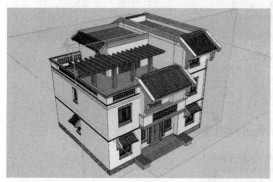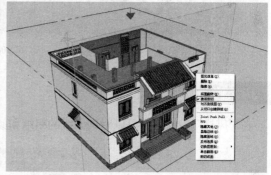

图 10-8

虽然一次只能激活一个剖面，但是群组和组件相当于"模型中的模型"，在它们内部还可以有各自的激活剖面。例如，一个组里还嵌套了两个带剖切面的组，并且分别具有不同的剖切方向，再加上这个组的一个剖面，那么在这个模型中就能对该组同时进行 3 个方向的剖切。也就是说，剖切面能作用于它所在的模型等级（包括整个模型、组合嵌套组等）中的所有几何体。

10.2.5　将剖面对齐到视图

要得到一个传统的剖面视图，可以在剖面上单击鼠标右键，然后在弹出的快捷菜单中执行"对齐到视图"选项，此时剖面对齐到屏幕，显示为一点透视的剖面或正视平面剖面，如图 10-9 所示。

10.2.6　创建剖切口群组

在剖面上单击鼠标右键，然后在弹出的快捷菜单中执行"从切口创建群组"命令，在剖面与模型表面相交的位置会产生新的边线，并封装在一个组中，如图 10-10 所示。

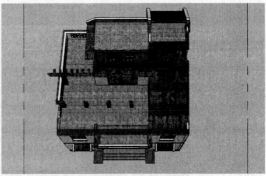

图 10-9

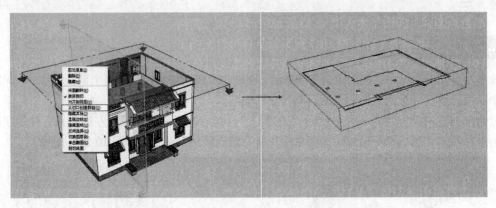

图 10-10

10.2.7 修改剖面颜色

在"风格"编辑器中可以对剖面线的粗细和颜色进行调整，如图 10-11 所示。

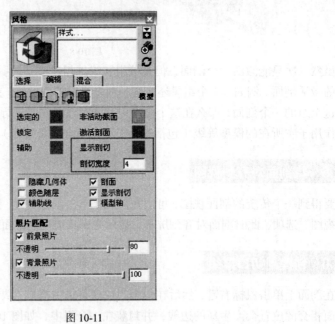

图 10-11

10.3 导出剖面

SketchUp 的剖面可以导出为以下几种类型。

①　将剖切视图导出为光栅图像文件。只要模型视图中有激活的剖切面，任何光栅图像导出都会包括剖切效果。

②　将剖面导出为 DWG 和 DXF 格式的文件，这两种格式的文件可以直接应用于 AutoCAD 中。

10.4 课堂练习——将剖面导出为 DXF 格式文件

练习知识要点：执行"文件→导出→二维剖切"命令导出剖面，然后设置"文件类型"为"AutoCAD DWG 文件（*.dwg）"，设置文件保存的类型后即可直接导出。也可以单击"选项"按钮 选项... ，打开"二维剖切选项"对话框，然后在该对话框中进行相应的设置，接着再进行导出。导出的文件可以在 AutoCAD 中被打开。如图 10-12 所示。

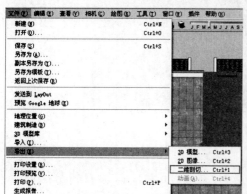

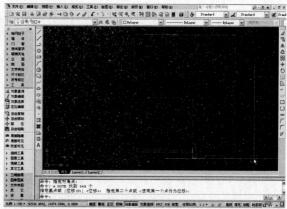

图 10-12

光盘文件位置：光盘>第 10 章>课堂练习——将剖面导出为 DXF 格式文件。

10.5 课后习题——为建筑添加多个剖面

习题知识要点：利用剖面命令，将场景中模型添加多个方向的剖面，并将其导出 DXF 格式文件，如图 10-13 所示。

效果所在位置：光盘>第 10 章>课后习题——为建筑添加多个剖面。

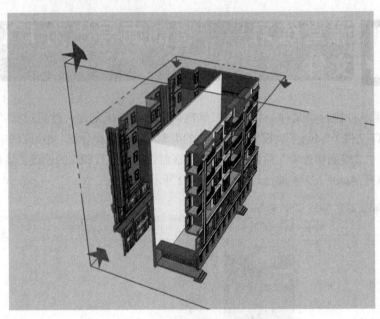

图 10-13

第 **11** 章

沙盒工具

【本章导读】

在 SketchUp 中创建地形的方法有很多，包括结合 AutoCAD、AracGIS 等软件进行高程点数据的共享并使用沙盒工具进行三维地形的创建，直接在 SketchUp 中使用线工具和推拉工具进行大致的地形推拉等。其中，利用沙盒工具创建地形的方法应用较为普遍。除了创建地形以外，沙盒工具还可以创建许多其他物体，如膜状结构物体的创建等，希望读者能开拓思维，发掘并拓展沙盒工具的其他应用功能。

【要点索引】

- 掌握几种创建地形的常用方法
- 掌握创建坡地建筑基底面的方法
- 掌握创建山地道路的方法
- 了解使用沙盒工具创建张拉膜的方法

　　从 SketchUp 5.0 以后，创建地形使用的都是"沙盒"功能。确切地说，"沙盒"是一个插件，它是用 Ruby 语言结合 SketchUp RubyAPI 编写的，并对其源文件进行了加密处理。SketchUp 8.0 将"沙盒"功能自动加载到了软件中。

　　执行"查看→工具栏→沙盒"菜单命令，将打开"沙盒"工具栏。该工具栏中包含了 7 个工具，分别是"从等高线"工具、"从网格"工具、"曲面拉伸"工具、"水印"工具、"投影"工具、"添加细节"工具和"翻转边线"工具，如图 11-1 所示。

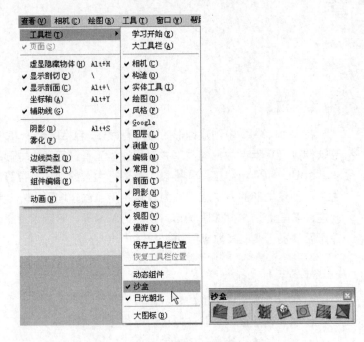

图 11-1

SketchUp 中的沙盒工具最常用于创建地形，下面将具体详述。

11.1 "从等高线"工具

　　使用"从等高线"工具（也可执行"绘图→沙盒→从等高线"菜单命令）可以让封闭相邻的等高线形成三角面。等高线可以是直线、圆弧、圆、曲线等，使用该工具将会使这些闭合或不闭合的线封闭成面，从而形成坡地。

课堂案例——使用"从等高线"工具绘制地形

案例学习目标：根据地形图创建地形。

案例知识要点：根据导入的地形图绘制等高线，在透视图中移动等高线至相应高度，再使用"从等高线"工具生成地形。

光盘文件位置：光盘>第 11 章>课堂案例——使用"从等高线"工具绘制地形。

（1）执行"文件→导入"菜单命令，导入 DXF 格式的地形文件。由于地形文件有高程点，所以是三维地形文件。这种等高线比较精确，适用于建立精确的地形。

（2）使用"直线"工具绘制等高线，首先执行"相机→标准视图→顶视图"菜单命令（快捷键为 F2），将视图调整为顶视图。根据地形文件绘制等高线，然后在透视图中将等高线移动至相应的高度，如图 11-2 所示。

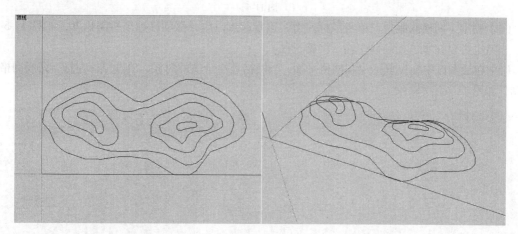

图 11-2

（3）选择绘制好的等高线，然后单击"从等高线"工具按钮，此时会出现生成地形的进度条，生成的等高线地形会自动形成一个组，在组外将等高线删除，如图 11-3 所示。

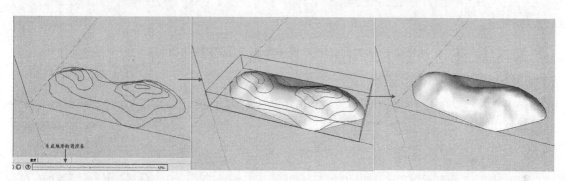

图 11-3

11.2 "从网格"工具

使用"从网格"工具（或者执行"绘图→沙盒→从网格"菜单命令）可以根据网格创建地形。当然，创建的只是大体的地形空间，并不十分精确。如果需要精确的地形，还是要使用上文提到的"从等高线"工具。首先我们来学习一下怎样创建一个网格平面。

课堂案例——使用"从网格"工具绘制网格平面

案例学习目标：使用"从网格"工具绘制网格平面。

案例知识要点：通过键盘输入网格间距和网格长度，结合鼠标进行拖曳完成网格平面。

光盘文件位置：光盘>第 11 章>课堂案例——使用"从网格"工具绘制网格平面。

（1）激活"从网格"工具▦，此时数值控制框内会提示输入网格间距，输入相应的数值后，按回车键即可，如图 11-4 所示。

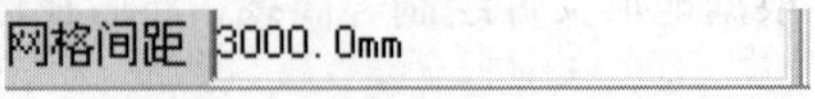

网格间距 3000.0mm

图 11-4

（2）确定了网格间距后，单击鼠标左键，确定起点以后，移动鼠标至所需长度，如图 11-5 所示。当然也可以在数值控制框中输入网格长度。

（3）在绘图区中拖曳鼠标绘制网格平面，当网格大小合适的时候，单击鼠标左键，完成网格的绘制，如图 11-6 所示。

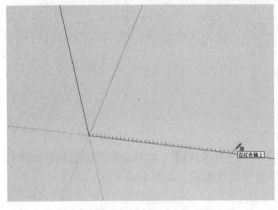

图 11-5

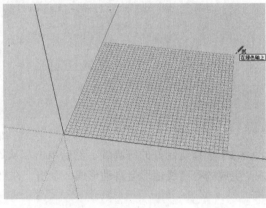

图 11-6

（4）完成绘制后，网格会自动封面，并形成一个组，如图 11-7 所示。

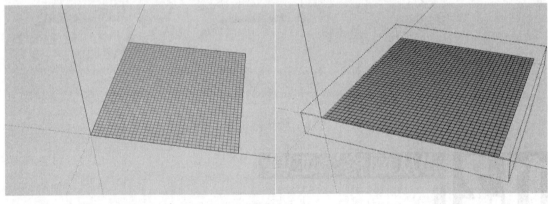

图 11-7

11.3 "曲面拉伸"工具

使用"曲面拉伸"工具可以将网格中的部分进行曲面拉伸。

课堂案例——使用"曲面拉伸"工具拉伸网格

案例学习目标：使用"曲面拉伸"工具创建地形。

　　案例知识要点：使用"曲面拉伸"工具对网格进行变形生成地形。

　　光盘文件位置：光盘>第 11 章>课堂案例——使用"曲面拉伸"工具拉伸网格。

　　（1）双击网格群组进入内部编辑状态（或者将其炸开），然后激活"曲面拉伸"工具（或者执行"工具→沙盒→曲面拉伸"菜单命令），接着在数值控制框中输入变形框的半径，如图 11-8 所示。

半径 20000mm

图 11-8

　　（2）激活"曲面拉伸"工具后，将鼠标指向网格平面时，会出现一个圆形的变形框，用户可以通过拾取一点进行变形，拾取的点就是变形的基点，包含在圆圈内的对象都将进行不同幅度的变化，如图 11-9 所示。

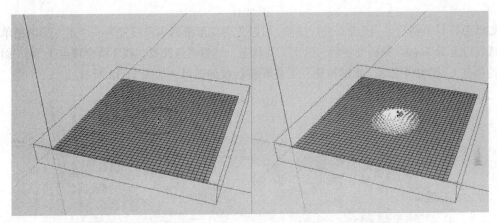

图 11-9

　　（3）在网格平面上拾取不同的点并上下拖动拉伸出理想的地形（也可以通过数值控制框指定拉伸的高度），完成根据网格创建地形的操作，如图 11-10 所示。

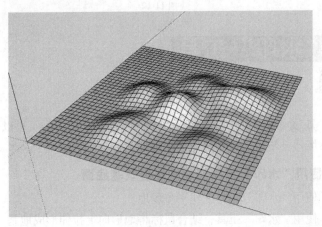

图 11-10

　　技巧与提示：一般情况下，要想达到比较好的预期山体效果，需要对地形网格进行多次的推拉，而且要不断地改变变形框的半径。

　　使用"曲面拉伸"工具进行拉伸时，拉伸的方向默认为 z 轴（即使用户改变了默认的轴线）。

如果想要多方位拉伸，可以使用"旋转"工具 ⟳ 将拉伸的组旋转至合适的角度，然后再进入群组的编辑状态进行拉伸，如图 11-11 所示。

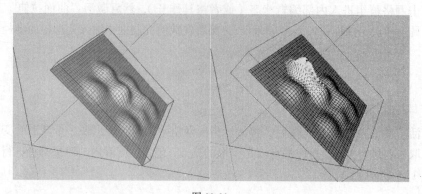

图 11-11

如果想只对个别的点、线或面进行拉伸，可以先将变形框的半径设置为一个正方形网格单位的数值或者设置为 1mm。完成设置后，退出工具状态，然后再选择点、线（两个顶点）、面（面边线所有的顶点），接着再激活"曲面拉伸"工具 进行拉伸即可，如图 11-12 所示。

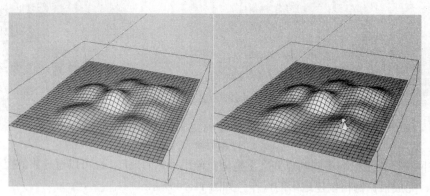

图 11-12

11.4 "水印"工具

使用"水印"工具 （或者执行"工具→沙盒→水印"菜单命令）可以在复杂的地形表面上创建建筑基面和平整场地，使建筑物能够与地面更好地结合。

课堂案例——使用"水印"工具创建坡地建筑基底面

案例学习目标：使用"水印"工具创建平整场地。

案例知识要点：使用"水印"工具，结合鼠标将地形向上拉伸形成地基。

光盘文件位置：光盘>第 11 章>课堂案例——使用"水印"工具创建坡地建筑基底面。

（1）在视图中调整好建筑物与地面的位置，使建筑物正好位于将要创建的建筑基面的垂直上方，然后激活"水印"工具 ，接着单击建筑物的底面，此时会出现一个红色的线框，该线框表示投影面的外延距离。在数值控制框内可以指定线框外延距离的数值，线框会根据输入数值的变化而变化，如图 11-13 所示。

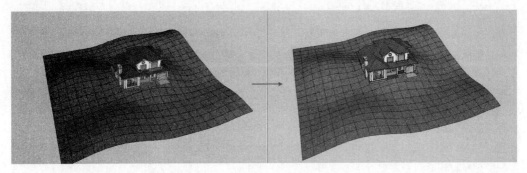

图 11-13

（2）确定外延距离后，将鼠标移动到地形上，接着单击鼠标左键并进行拖动，将地形拉伸一定的距离，最后将建筑物移动到创建好的建筑基面上，如图 11-14 所示。

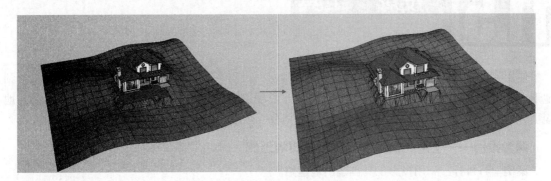

图 11-14

⏻ 技巧与提示：确定外延距离后，将鼠标移动到地形上时，鼠标指针将变为 形状，单击后将变为上下箭头状 。

　　如果需要对创建好的建筑基面进行位置修改时，可以先将面选中，然后使用"移动/复制"工具 移动至合适的位置即可，如图 11-15 所示。

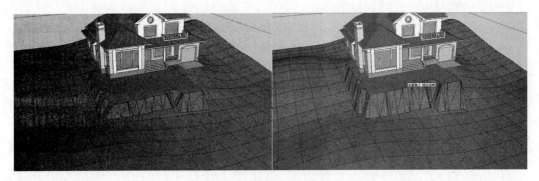

图 11-15

⏻ 技巧与提示：使用"水印"工具 不支持镂空的情况，遇到有镂空的面会自动闭合；同时，也不支持 90° 垂直方向或大于 90° 以上的转折，遇到此种情况会自动断开，如图 11-16 所示。

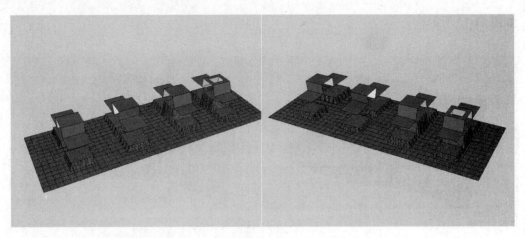

图 11-16

11.5 "投影"工具

使用"投影"工具 ◎（或者执行"工具→沙盒→投影"菜单命令）可以将物体的形状投影到地形上。与"水印"工具 ◎ 不同的是，"水印"工具 ◎ 是在地形上建立一个基底平面使建筑物与地面更好地结合，而"投影"工具 ◎ 是在地形上划分一个投影面物体的形状。

课堂案例——使用"投影"工具创建山地道路

案例学习目标：利用投影工具创建山地道路。

案例知识要点：使用"投影"工具创建地形的投影面，在投影面上绘制道路，再使用"投影"工具将道路投影到地形上。

光盘文件位置：光盘>第 11 章>课堂案例——使用"投影"工具创建山地道路。

（1）绘制一个平面，并放置在地形的正上方，然后将该面制作为组件，接着激活"投影"工具 ◎，并依次单击地形和平面，此时地面的边界会投影到平面上，如图 11-17 所示。

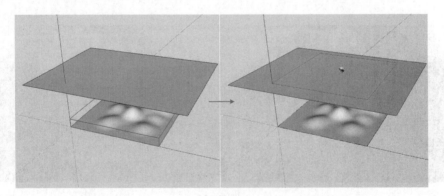

图 11-17

（2）将投影后的平面制作为组件，然后在组件外绘制需要投影的道路路面图形，使其封闭成面，接着删除多余的部分，只保留需要投影的部分，如图 11-18 所示。

（3）选择需要投影的物体，然后激活"投影"工具 ◎，接着在地形上单击鼠标左键，此时投影物体会按照地形的起伏自动投影到地形上，如图 11-19 所示。

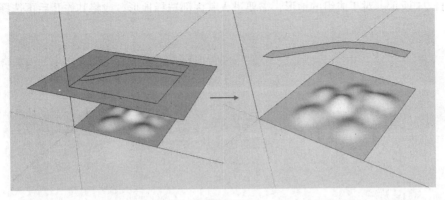

图 11-18

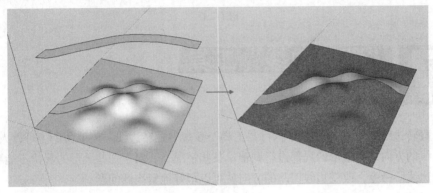

图 11-19

11.6 "添加细节"工具

使用"添加细节"工具 ▨（或者执行"工具→沙盒→添加细节"菜单命令）可以在根据网格创建地形不够精确的情况下，对网格进行进一步修改。细分的原则是将一个网格分成 4 块，共形成 8 个三角面，但破面的网格会有所不同，如图 11-20 所示。

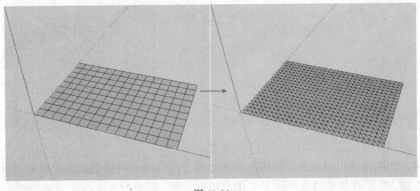

图 11-20

如果需要对局部进行细分，可以只选择需要细分的部分，然后再激活"添加细节"工具■即可，如图 11-21 所示。对于成组的地形，需要进入其内部选择地形，或将其炸开后再选择地形。

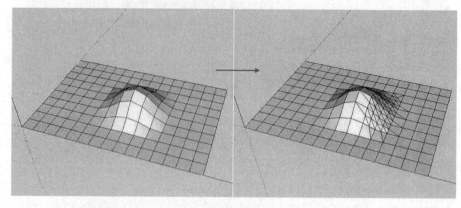

图 11-21

11.7 "翻转边线"工具

使用"翻转边线"工具■（或者执行"工具→沙盒→翻转边线"菜单命令）可以人为地改变地形网格边线的方向，对地形的局部进行调整。某些情况下，对于一些地形的起伏不能顺势而下，执行"翻转边线"命令，改变边线凹凸的方向就可以很好地解决此问题。

课堂案例——使用"翻转边线"工具改变地形坡向

案例学习目标：使用"翻转边线"工具改变地形坡向。

案例知识要点：首先虚显隐藏物体，再使用"翻转边线"工具结合鼠标改变地形方向。

光盘文件位置：光盘>第 11 章>课堂案例——使用"翻转边线"工具改变地形坡向。

（1）执行"查看→虚显隐藏物体"菜单命令，将网格隐藏的对角线显示出来，如图 11-22 所示。

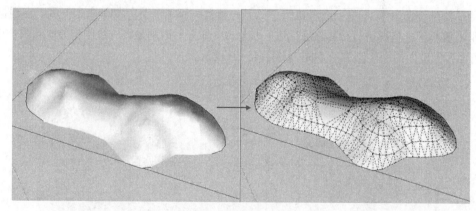

图 11-22

（2）从显示的网格线可以看到，网格底部的边缘并没有随着网格的起伏而顺势向下。激活"翻转边线"工具■，然后在需要修改的位置上单击鼠标左键，即可改变边线的方向，如图 11-23 所示。

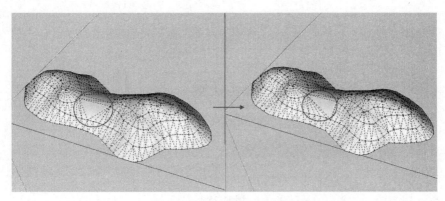

图 11-23

11.8 课堂练习——创建张拉膜

练习知识要点：扩展沙盒工具的功能使用，创建张拉膜。

光盘文件位置：光盘>第 11 章>课堂练习——创建张拉膜。

在此以一个张拉膜的创建为例，进行详细步骤的讲解，以扩展同学们对沙盒工具的理解，对其能够灵活和创新运用。

（1）首先用"直线"工具绘制出底边长 3200mm、腰边长 2800mm 的等腰三角形竖直截面，用"推/拉"工具将截面推拉出 4800mm 的厚度，然后将其创建为群组，如图 11-24 所示。

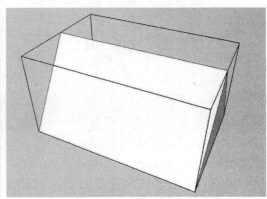

图 11-24

（2）在侧面上用"圆弧"工具绘制如图所示的两条弧线，如图 11-25 所示。

（3）用"矩形"工具沿着柱体的顶边绘制一个竖直矩形面，接着用"圆弧"工具在此面上绘制一条弧线，如图 11-26 所示。

（4）选择 3 条弧线将其创建为群组，然后双击鼠标左键进入群组内编辑。用移动工具将右侧的节点向上移动 1000mm，使张拉膜的造型有种向上拉伸的感觉，如图 11-27 所示。

（5）选择 3 条弧线后单击"沙盒"工具栏中的"从等高线"命令 🔳，可以看出此时系统自动生成了曲面，并自动成组，如图 11-28 所示。

（6）选择生成的曲面群组将其炸开，删除两侧多余的面和线，如图 11-29 所示。

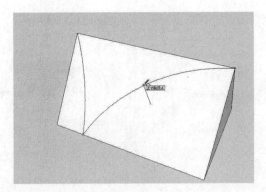

图 11-25

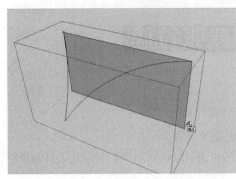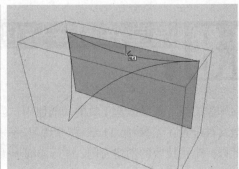

图 11-26

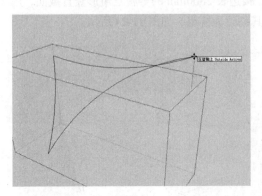

图 11-27

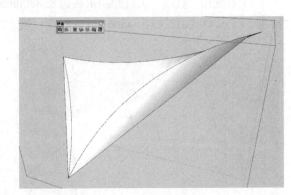

图 11-28

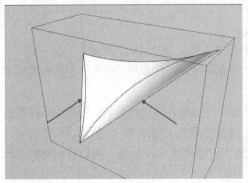

图 11-29

（7）将完成的曲面制作为组件，将其复制一份并用缩放命令将副本镜像，接着移动曲面，使两张曲面顶部的两个点互相衔接，如图 11-30 所示。

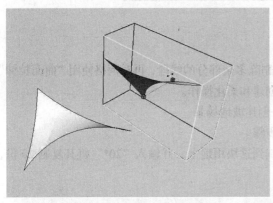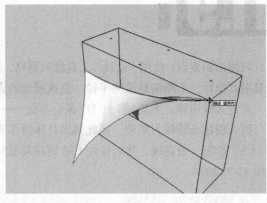

图 11-30

（8）接下来绘制张拉膜的支撑杆件。用"圆"工具以及"推/拉"工具创建一个圆柱体并赋予相应的材质，接着将其制作为组件，如图 11-31 所示。

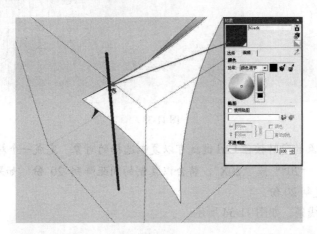

图 11-31

（9）用"旋转"工具调整支撑杆的倾斜角度，用"移动"工具完成其他支撑杆的复制和移动，完成张拉膜的创建，如图 11-32 所示。

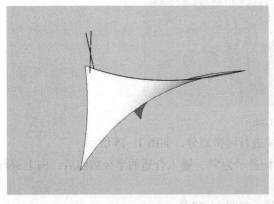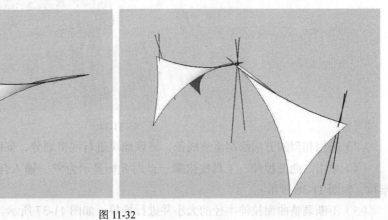

图 11-32

11.9 课后习题——创建坡地场景

习题知识要点：使用"直线"工具绘制网格，删除多余部分的线段，再对网格使用"曲面拉伸"工具对其拉伸，不断调整拉伸半径，完成坡地的创建和柔化操作。

光盘文件位置：光盘>第 11 章>课后习题——创建坡地场景。

因为创建步骤较为繁杂，在此列出具体操作步骤。

（1）绘制一条直线，然后按住 Ctrl 键将其复制到这块用地上，并输入"20*"将其复制 20 份，如图 11-33 所示。

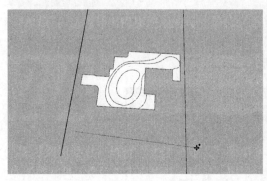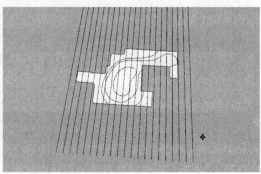

图 11-33

💡 **提示**：在移动对象的同时按住 Ctrl 键就可以复制选择的对象。完成一个对象的复制后，如果在数值控制框中输入"20*"或"20X"，将会以复制的间距阵列 20 份；如果输入"20/"，会在复制间距内等距离复制 20 份。

（2）删除多余的线条，如图 11-34 所示。

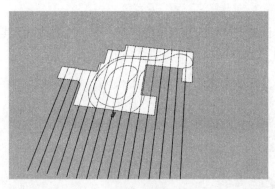

图 11-34

（3）采用相似的方法绘制垂直线条，将该地块进行网格划分，如图 11-35 所示。

（4）单击"曲面拉伸"工具按钮 ，此时光标显示为 ，输入合适的半径数值后，向上进行推拉，如图 11-36 所示。

（5）不断调整曲面拉伸半径的大小并进行推拉，如图 11-37 所示。

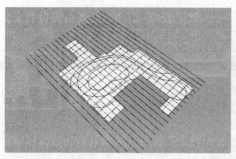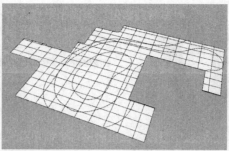

图 11-35

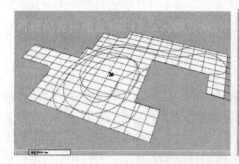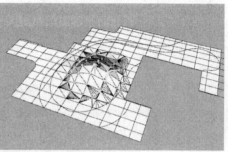

图 11-36

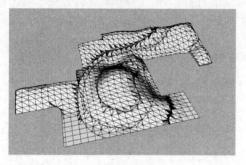

图 11-37

（6）将制作完成的模型创建为群组，然后在右键菜单中选择"柔化/平滑边线"命令，并调整柔化的数值直至取得满意的柔化效果为止，如图 11-38 所示。

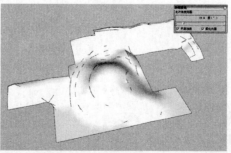

图 11-38

第 **12** 章 文件的导入与导出

【本章导读】

SketchUp 可以与 AutoCAD、3ds Max 等相关图形处理软件共享数据成果，以弥补 SketchUp 在精确建模方面的不足。此外，SketchUp 在建模完成之后还可以导出准确的平面图、立面图和剖面图，为下一步施工图的制作提供基础条件。本章将详细介绍 SketchUp 与几种常用软件的衔接，以及不同格式文件的导入导出操作。另外，关于导出动画的操作在"页面与动画"章节作了详细介绍，在此不作赘述。

【要点索引】

- 掌握 AutoCAD 文件的导入与导出操作
- 掌握 JPG 图片的导入与导出操作
- 掌握 3DS 格式文件的导入与导出操作

12.1 AutoCAD 文件的导入与导出

12.1.1 导入 DWG/DXF 格式的文件

作为真正的方案推敲软件，SketchUp 必须支持方案设计的全过程。粗略抽象的概念设计是重要的，但精确的图纸也同样重要。因此，SketchUp 一开始就支持导入和导出 AutoCAD 的 DWG/DXF 格式的文件。

课堂案例——导入 DWG 格式和 DXF 格式文件

案例学习目标：掌握导入 DWG 格式和 DXF 格式文件的方法。

案例知识要点：执行"文件→导入"命令。

光盘文件位置：光盘>第 12 章>课堂案例——导入 DWG 格式和 DXF 格式文件。

（1）运行 SketchUp，执行"文件→导入"菜单命令，然后在弹出的"打开"对话框中设置"文件类型"为"AutoCAD 文件（*.dwg. *.dxf）"，如图 12-1 所示。

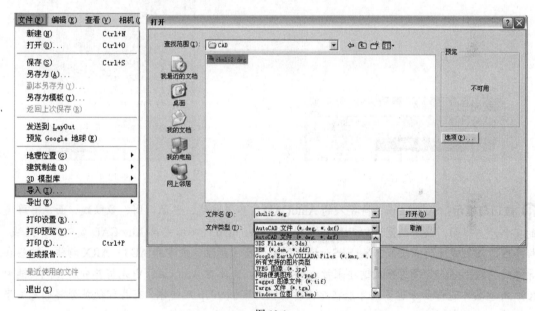

图 12-1

（2）单击选择需要导入的文件，然后单击 选项(P)... 按钮，弹出 "AutoCAD DWG/DXF 导入选项"对话框。根据导入文件的属性选择一个导入的单位，一般选择为"毫米"或者"米"，然后单击"确定"按钮，如图 12-2 所示。

（3）完成设置后单击"确定"按钮开始导入文件，大的文件可能需要几分钟的时间，因为 SketchUp 的几何体与 CAD 软件中的几何体有很大的区别，转换需要大量的运算，如图 12-3 所示。导入完成后，SketchUp 会显示一个导入实体的报告，如图 12-4 所示。

技巧与提示：如果导入之前，SketchUp 中已经有了别的实体，那么所有导入的几何体会合并为一个组，以免干扰（粘住）已有的几何体；但如果是导入到空白文件中就不会创建组。

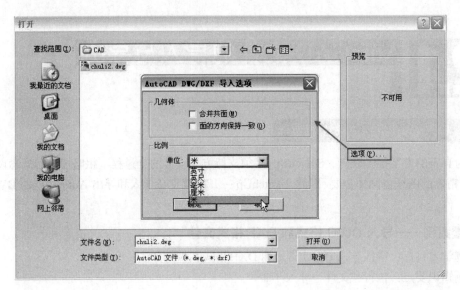

图 12-2

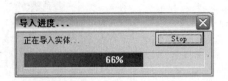

图 12-3

图 12-4

(!) **技巧与提示**：SketchUp 支持导入的 AutoCAD 实体包括线、圆弧、圆、多段线、面、有厚度的实体、三维面、嵌套的图块以及图层。目前，SketchUp 还不能支持 AutoCAD 实心体、区域、样条线、锥形宽度的多段线、XREFS、填充图案、尺寸标注、文字和 ADT、ARX 物体，这些在导入时将被忽略。如果想导入这些未被支持的实体，需要在 AutoCAD 中先将其分解（快捷键为 X），有些物体还需要分解多次才能在导出时转换为 SketchUp 几何体，有些即使被分解也无法导入，请读者注意。

在导入文件的时候，尽量简化文件，只导入需要的几何体。这是因为导入一个大的 AutoCAD 文件时，系统会对每个图形实体都进行分析，这需要很长的时间；而且一旦导入后，由于 SketchUp 中智能化的线和表面需要比 AutoCAD 更多的系统资源，复杂的文件会拖慢 SketchUp 的系统性能。

(!) **技巧与提示**：有些文件可能包含非标准的单位、共面的表面以及朝向不一的表面，用户可以通过"AutoCAD DWG/DXF 导入选项"对话框中的"合并共面上的面"选项和"面的方向保持一致"选项纠正这些问题。

➤ 合并共面上的面：导入 DWG 或 DXF 格式的文件时，会发现一些平面上有三角形的划分线。手工删除这些多余的线是很麻烦的，可以使用该选项让 SketchUp 自动删除多余的划分线。

➢ 面的方向保持一致：勾选该选项后，系统会自动分析导入表面的朝向，并统一表面的法线方向。

SketchUp 允许将模型导出为多种格式的二维矢量图，包括 DWG、DXF、EPS 和 PDF 格式。导出的二维矢量图可以方便地在任何 CAD 软件或矢量处理软件中导入和编辑。

技巧与提示：SketchUp 的一些图形特性无法导出到二维矢量图中，包括贴图、阴影和透明度。

课堂案例——将文件导出为的二维矢量图

案例学习目标：掌握将文件导出为 DWG 和 DXF 格式的方法。

案例知识要点：执行"文件→导出→2D 图像"命令。

光盘文件位置：光盘>第 12 章>课堂案例——将文件导出为的二维矢量图。

（1）在绘图窗口中调整好视图的视角（SketchUp 会将当前视图导出，并忽略贴图、阴影等不支持的特性）。

（2）执行"文件→导出→2D 图像"菜单命令，打开"导出二维消隐线"对话框。设置"文件类型"为"AutoCAD DWG File（*.dwg）"或者"AutoCAD DXF File（*.dxf）"，接着设置好导出的文件名，如图 12-5 所示。

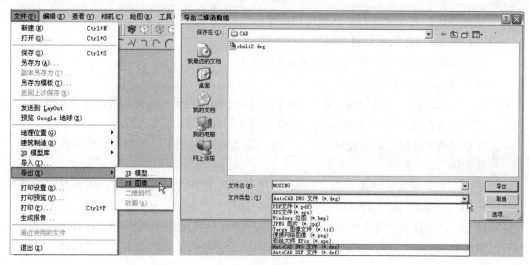

图 12-5

（3）单击 选项 按钮设置出的参数，具体参数设置可以参照下文的技术专题讲解。完成设置后，单击"确定"按钮即可进行导出，如图 12-6 所示。

技术专题——"DWG/DXF 消隐线选项"对话框参数详解

（1）"绘图比例与尺寸"选项组

➢ 全局比例：勾选该选项将按真实尺寸 1：1 导出。

➢ 绘图中/模型中："绘图中"和"模型中"的比例就是导出时的缩放比例。例如，绘图中/模型中=1 毫米/1 米，就相当于导出 1：1000 的图形。另外，开启"透视显示"

模式时不能定义这两项的比例；即使在"平行投影"模式下，也必须是表面的法线垂直视图时才可以。

图 12-6

➤ 宽度/高度：定义导出图形的宽度和高度。

（2）"AutoCAD 版本"选项组

在该选项组中可以选择导出的 AutoCAD 版本。

（3）"轮廓线"选项组

➤ 无：如果设置"导出"为"无"，则导出时会忽略屏幕显示效果而导出正常的线条；如果没有设置该项，则 SketchUp 中显示的轮廓线会导出为较粗的线。

➤ 带宽度的多段线：如果设置"导出"为"带宽度的多段线"，则导出的轮廓线为多段线实体。

➤ 粗线：如果设置"导出"为"粗线"，则导出的剖面线为粗线实体。该项只有导出 AutoCAD 2000 以上版本的 DWG 文件才有效。

➤ 分层：如果设置"导出"为"分层"，将导出专门的轮廓线图层，便于在其他程序中设置和修改。SketchUp 的图层设置在导出二维消隐线矢量图时不会直接转换。

（4）"剖面线"选项组

该选项组中的设置与"轮廓线"选项组相类似。

（5）"延长线"选项组

➤ 显示延长线：勾选该选项后，将导出 SketchUp 中显示的延长线。如果没有勾选该项，将导出正常的线条。这里有一点要注意，延长线在 SketchUp 中对捕捉参考系统没有影响，但在别的 CAD 程序中就可能出现问题，如果想编辑导出的矢量图，最好禁止该项。

➤ 长度：用于指定延长线的长度。该项只有在激活"显示延长线"选项并取消"自动"选项后才生效。

> ➤ 自动：勾选该选项将分析用户指定的导出尺寸，并匹配延长线的长度，让延长线和屏幕上显示的相似。该选项只有在激活"显示延长线"选项时才生效。

> ➤ 总是提示隐藏线选项：勾选该选项后，每次导出为 DWG 和 DXF 格式的二维矢量图文件时都会自动打开"DWG/DXF 消隐线选项"对话框；如果没有勾选该项，将使用上次的导出设置。

> ➤ "默认"按钮：单击该按钮可以恢复系统默认值。

12.1.3　导出 DWG/DXF 格式的 3D 模型文件

执行"文件→导出→3D 模型"菜单命令，然后在"导出模型"对话框中设置"文件类型"为"AutoCAD DWG 文件（*.dwg）"或者"AutoCAD DXF 文件（*.dxf）"。完成设置后即可按当前设置进行保存，也可以对导出选项进行设置后再保存，如图 12-7 所示。

图 12-7

⓪ 技巧与提示： SketchUp 可以导出面、线（线框）或辅助线，所有 SketchUp 的表面都将导出为三角形的多段网格面。

导出为 AutoCAD 文件时，SketchUp 使用当前的文件单位导出。例如，SketchUp 的当前单位设置是十进制（米），以此为单位导出的 DWG 文件在 AutoCAD 中也必须将单位设置为十进制（米）才能正确转换模型。另外有一点需要注意，导出时，复数的线实体不会被创建为多段线实体。

12.2 二维图像的导入与导出

12.2.1　导入图像

1. 导入图片

作为一名设计师，可能经常需要对扫描图、传真、照片等图像进行描绘，SketchUp 允许用户导入 JPEG、PNG、TGA、BMP 和 TIF 格式的图像到模型中。

课堂案例——导入选定的图片

案例学习目标：掌握将图片导入 SketchUp 的方法。

案例知识要点：执行"文件→导入"命令。

光盘文件位置：光盘>第 12 章>课堂案例——导入选定图片。

（1）执行"文件→导入"菜单命令，如图 12-8 所示。

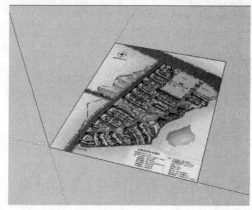

图 12-8

（2）也可以用鼠标右键单击桌面左下角的"开始"按钮，选择"资源管理器"，打开图像所在的文件夹，选中图像并将其拖放至 SketchUp 绘图窗口中，如图 12-9 所示。

2．图像右键关联菜单

将图像导入 SketchUp 后，如果在图像上单击鼠标右键，将弹出一个快捷菜单，如图 12-10 所示。

图元信息：执行该命令将打开"图元信息"浏览器，可以查看和修改图像的属性，如图 12-11 所示。

删除：该命令用于将图像从模型中删除。

隐藏：该命令用于隐藏所选物体，选择隐藏物体后，该命令就会变为"显示"。

炸开：该命令用于炸开图像。

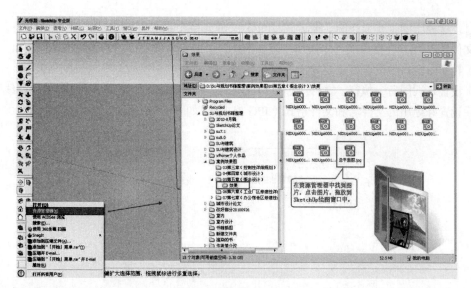

图 12-9

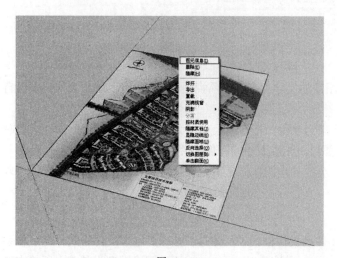

图 12-10

图 12-11

　　导出/重载：如果对导入的图像不满意，可以执行"导出"命令将其导出，并在其他软件中进行编辑修改，完成修改后再执行"重载"命令将其重新载入到 SketchUp 中。

　　充满视窗：该命令用于缩放视野使整个实体可见，并处于绘图窗口的正中。

　　阴影：该命令用于让图像产生投影。

　　分离：如果一个图像吸附在一个表面上，它将只能在该表面上移动。"分离"命令可以让图像脱离吸附的表面。

　　按材质使用：该命令用于将导入的图像作为材质贴图使用。

12.2.2　导出图像

　　SketchUp 允许用户导出 JPEG、BMP、TGA、TIFF、PNG、Epix 等格式的二维光栅图像。

1．导出 JPEG 格式的图像

　　JPEG 图片以 24 位颜色存储单个光栅图像。JPEG 是与平台无关的格式，支持最高级别的压缩，不过，这种压缩是有损耗的。渐近式 JPEG 文件支持交错。

将文件导出为 JPG 格式的具体操作步骤如下。

（1）在绘图窗口中设置好需要导出的模型视图。

（2）设置好视图后，执行"文件→导出→2D 图像"菜单命令，打开"导出二维消隐线"对话框，然后设置好导出的文件名和文件格式（JPG 格式），如图 12-12 所示。

图 12-12

使用视图尺寸：勾选该选项则导出图像的尺寸大小为当前视图窗口的大小，取消该项则可以自定义图像尺寸。

宽度/高度：指定图像的尺寸，以像素为单位。指定的尺寸越大，导出时间越长，消耗内存越多，生成的图像文件也越大。最好按需要导出相应大小的图像文件。

抗锯齿：勾选该选项后，SketchUp 会对导出图像做平滑处理。需要更多的导出时间，但可以减少图像中的线条锯齿。

2．导出 PDF/EPS 格式的图像

PDF 是 Portable Document Format（便携文件格式）的缩写，是一种电子文件格式，与操作系统平台无关，由 Adobe 公司开发而成。PDF 文件是以 PostScript 语言图像模型为基础，无论在哪种打印机上都可保证精确的颜色和准确的打印效果，即 PDF 会忠实地再现原稿的每一个字符、颜色以及图像。

EPS(Encapsulated PostScript)是处理图像工作中的最重要的格式，它在 Mac 和 PC 环境下的图形和版面设计中广泛使用，用在 PostScript 输出设备上打印。几乎每个绘画程序及大多数页面布局程序都允许保存 EPS 文档。在 Photoshop 中，通过文件菜单的放置（Place）命令保存 EPS 文档。

将文件导出为 PDF 或者 EPS 格式的具体操作步骤如下。

（1）在绘图窗口中设置要导出的模型视图。

（2）设置好视图后，执行"文件→导出→2D 图像"菜单命令，打开"导出二维消隐线"对话框，然后设置好导出的文件名和文件格式（PDF 或者 EPS 格式），如图 12-13 所示。

在 PDF/EPS 导出选项对话框中有图形大小、轮廓线、剖切线和延长线 4 个参数选项。

（1）"图形大小"：用于控制导出文件的比例以及尺寸。

"全局比例"：以 SketchUp 中的真实尺寸导出 1：1 比例的模型或者是图像文件。

"宽度/高度"：设置文件导出的高度以及宽度。PDF/EPS 文件的高度和宽度被限制在 7200 像素之内。

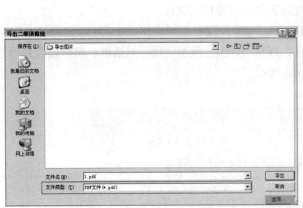
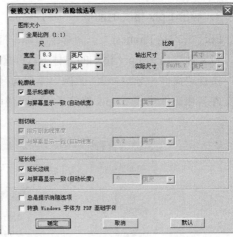

图 12-13

（2）"轮廓线"：用于控制导出图像轮廓线的宽度。

"显示轮廓线"：将 SketchUp 中显示的加粗轮廓线也导出到二维图像中。

"与屏幕显示一致"：分析制定的输出尺寸，并且匹配轮廓线的宽度，让导出的图像与其屏幕上显示的相似。

（3）"剖切线"：用于控制剖面线的宽度。

"指定剖面线宽度"：指定导出的剖面线的宽度。

"与屏幕显示一致"：分析指定的输出尺寸，并且匹配剖面线的宽度，让导出的图像与其屏幕上显示的相似。

（4）"延长线"：用于控制是否导出边线出头的部分。

"延长边线"：选中此项后，将导出 SketchUp 中显示的边线出头部分。如没有选中，将导出正常的线条。

"与屏幕显示一致"：分析指定的输出尺寸，并且匹配边线出头的长度，让其与屏幕上显示相似。

（5）"总是提示消隐选项"：每次导出 PDF/EPS 格式的时候，都提示该选项。

（6）"转换 Windows 字体为 PDF 基础字体"：选择该项后，模型中的 Windows 字体将被相应的替换为 PDF 的字体。

技巧与提示：PDF 文件是 Adobe 公司开发的开放式电子文档，支持各种字体、图片、格式和颜色，是压缩过的文件，便于发布、浏览和打印。

EPS 文件是 Adobe 公司开发的标准图形格式，广泛用于图像设计和印刷品出版。

导出 PDF 和 EPS 格式的最初目的是矢量图输出，因此导出文件中可以包括线条和填充区域，但不能导出贴图、阴影、平滑着色、背景、透明度等显示效果。另外，由于 SketchUp 没有使用 OpenGL 来输出矢量图，因此也不能导出那些由 OpenGL 渲染出来的效果。如果想要导出所见即所得的图像，可以导出为光栅图像。

SketchUp 导出文字标注到二维图形中有以下限制。

（1）被几何体遮挡的文字和标注在导出之后会出现在几何体前面。

（2）位于 SketchUp 绘图窗口边缘的文字和标注实体不能被导出。

（3）某些字体不能正常转换。

3. 导出 Epix 格式的图像

Epix 格式是 Piranesi（空间彩绘大师）能够识别的图像格式文件。

将文件导出为 Epix 格式的具体操作步骤如下。

执行"文件→导出→2D 图像"菜单命令，打开"导出二维消隐线"对话框，然后设置好导出的文件名和文件格式（Epix 格式），如图 12-14 所示。

图 12-14

使用视图尺寸：勾选该选项后，将使用 SketchUp 绘图窗口的精确尺寸导出图像，如果没有勾选则可以自定义尺寸。通常，要打印的图像尺寸都比正常的屏幕尺寸要大，而 Epix 格式的文件储存了比普通光栅图像更多的信息通道，文件会更大，所以使用较大的图像尺寸会消耗较多的系统资源。

技巧与提示：SketchUp 不能导出压缩过的 Epix 文件。将文件导出后，在 Piranesi 软件中重新保存导出的文件能使文件适当变小。另外，现在的 SketchUp 版本还不支持全景导出。

导出边线：大多数三维程序导出文件到 Piranesi 绘图软件中时，不会导出边线。而不幸的是，边线是传统徒手绘制的基础。该选项用于将屏幕显示的边线样式导入 Epix 格式的文件中。

技巧与提示：如果在风格编辑栏中的边线设置里关闭了"显示边"选项，则不管是否勾选了"导出边线"选项，导出的文件中都不会显示边线。

导出材质：勾选该选项可以将所有贴图材质导入到 Epix 格式的文件中。

技巧与提示："导出材质"选项只有在为表面赋予了材质贴图并且处于贴图模式下才有效。

导出地平面：SketchUp 不适合渲染有机物体，如人和树等，而 Piranesi 绘图软件则可以。该选项可以在深度通道中创建一个地平面，让用户可以快速地放置人、树、贴图等，而不需要在 SketchUp 中建立一个地面，如果用户想要产生地面阴影，这是很必要的。

12.3 三维模型的导入与导出

12.3.1　导入 3DS 格式的文件

执行"文件→导入"菜单命令，然后在弹出的"打开"对话框中找到需要导入的文件并将其导入。在导入前可以先设置导入的单位，以便在 SketchUp 中精确编辑；在导入完成后会弹出一个实体导入的报告，如图 12-15 所示。

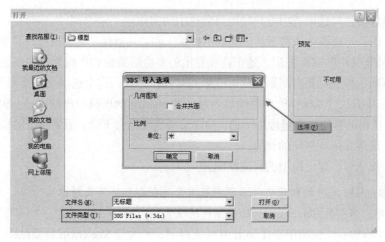

图 12-15

12.3.2　导出 3DS 格式的文件

3DS 格式的文件支持 SketchUp 导出材质、贴图和照相机，比 DWG 格式和 DXF 格式更能完美地转换 SketchUp 模型。

导出为 3DS 格式文件的具体操作步骤如下。

执行"文件→导出→3D 模型"菜单命令，打开"导出模型"对话框，然后设置好导出的文件名和文件格式（3DS 格式），如图 12-16 所示。

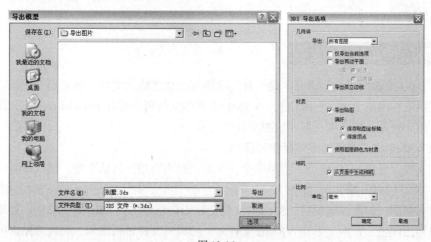

图 12-16

几何体导出：用于设置导出的模式，在该项的下拉列表中包含了 4 个不同的选项，如图 12-17 所示。

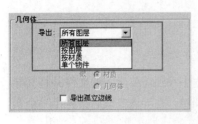

图 12-17

所有图层：该模式下，SketchUp 将按组与组件的层级关系导出模型。

按图层：该模式下，模型将按同一图层上的物体导出。

按材质：该模式下，SketchUp 将按材质贴图导出模型。

单个物体：该模式用于将整个模型导出为一个已命名的物体，常用于导出为大型基地模型创建的物体，如导出一个单一的建筑模型。

仅导出当前选项：勾选该选项将只导出当前选中的实体。

导出两边平面：勾选该选项将激活下面的"材质"和"几何体"附属选项，其中"材质"选项能开启 3DS 材质定义中的双面标记，这个选项导出的多边形数量和单面导出的多边形数量一样，但渲染速度会下降，特别是开启阴影和反射效果的时候；另外，这个选项无法使用 SketchUp 中的表面背面的材质。相反，"几何体"选项则是将每个 SketchUp 的面都导出两次，一次导出正面，另一次导出背面；导出的多边形数量增加一倍，同样渲染速度也会下降，但是导出的模型两个面都可以渲染，并且正反两面可有不同的材质。

导出贴图：选项可以导出模型的材质贴图。

(!) 技巧与提示：3DS 文件的材质文件名限制在 8 个字符以内，不支持长文件名，建议用英文和字母表示。此外，不支持 SketchUp 对贴图颜色的改变。

保留贴图坐标轴：该选项用于在导出 3DS 文件时，不改变 SketchUp 材质贴图的坐标。只有勾选"导出贴图"选项后，该选项和"焊接顶点"选项才能被激活。

焊接顶点：该选项用于在导出 3DS 文件时，保持贴图坐标与平面视图对齐。

使用图层颜色为材质：3DS 格式不能直接支持图层，勾选这个选项将以 SketchUp 的图层分配为基准来分配 3DS 材质，可以按图层对模型进行分组。

从页面中生成相机：该选项用于保存时为当前视图创建照相机，也为每个 SketchUp 页面创建照相机。

单位：指定导出模型使用的测量单位。默认设置是"模型单位"，即 SketchUp 的系统属性中指定的当前单位。

12.3.3 导出 VRML 格式的文件

VRML 2.0（虚拟实景模型语言）是一种三维场景的描述格式文件，通常用于三维应用程序之间的数据交换或在网络上发布三维信息。VRML 格式的文件可以储存 SketchUp 的几何体，包括边线、表面、组、材质、透明度、照相机视图和灯光等。

导出为 VRML 格式文件的具体操作步骤如下。

执行"文件→导出→3D 模型"菜单命令，弹出"导出模型"对话框中，然后设置好导出的文件名和文件格式（WRL 格式），如图 12-18 所示。

导出材质贴图：勾选该选项后，SketchUp 将把贴图信息导出到 VRML 文件中。如果没有选择该项，将只导出颜色。在网上发布 VRML 文件时，可以对文件进行编辑，将纹理贴图的绝对路径改为相对路径。此外，VRML 文件的贴图和材质的名称也不能有空格，SketchUp 会用下画线来替换空格。

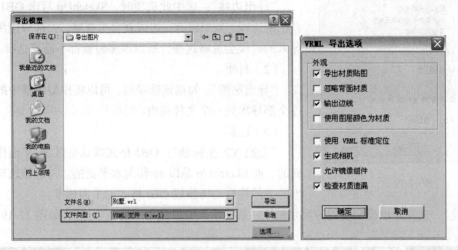

图 12-18

忽略背面材质：SketchUp 在导出 VRML 文件时，可以导出双面材质。如果该选项被激活，则两面都将以正面的材质导出。

输出边线：激活该选项后，SketchUp 将把边线导出为 VRML 边线实体。

使用图层颜色为材质：选择该选项，SketchUp 将按图层颜色来导出几何体的材质。

使用 VRML 标准定位：VRML 默认以 xz 平面作为水平面（相当于地面），而 SketchUp 是以 xy 平面作为地面。勾选该选项后，导出的文件会转换为 VRML 标准。

生成相机：勾选该选项后，SketchUp 会为每个页面都创建一个 VRML 照相机。当前的 SketchUp 视图会导出为"默认照相机"，其他的页面照相机则以页面来命名。

允许镜像组件：勾选该选项可以导出镜像和缩放后的组件。

检查材质遗漏：勾选该选项会自动检测组件内的物体是否有应用默认材质的物体，或是否有属于默认图层的物体。

12.3.4　导出 OBJ 格式的文件

OBJ 文件格式，是一种三维的文件格式，由 Wavefront 公司创造，用于其高级的 Visualizer 产品。这些.obj 文件是一种基于文件的格式，支持自由格式和多边形几何体。一个附加的 .mtl 文件用来描述定义在.obj 文件中的材质。

导出为 OBJ 格式文件的具体操作步骤如下。

执行"文件→导出→3D 模型"菜单命令，然后在弹出的"导出模型"对话框中设置好导出的文件名和文件格式（OBJ 格式）。

在 OBJ 导出选项对话框中有几何体、材质和比例 3 个参数选项。

（1）几何体。

"仅导出当前选项"：只有被选中的几何体才可以导出。如果没有选中任何物体，整个模型都会被导出。

"将所有的平面分成三角形"：当选中的时候，SketchUp 模型会将输出变为三角形，而不是多

图 12-19

边形。

"导出两边平面"：选中该选项模型将以双面导出。

"导出边线"：选中此选项时，SketchUp 写出 OBJ 线实体自己的边线。如果没有，边线就会被忽略。大部分应用程序在导入的时候会忽略这些，所以很多时候都不需要选择。

（2）材质。

"导出贴图"：勾选该选项后，可以将模型场景中的材质文件全部导出到一个文件夹内。

（3）比例。

"交换 YZ 坐标轴"：OBJ 格式默认是以 xz 平面作为水平面的，而 SketchUp 是以 xy 作为水平面的。勾选该选项后，导出的文件将自动转换成 OBJ 格式的平面标准。

"单位"：选择导出模型使用的尺寸单位，系统默认的单位为"模型单位"，如图 12-19 所示。

12.4 课堂练习——导入户型平面图，快速拉伸墙体

练习知识要点：执行"文件→导入"菜单命令，在弹出的"打开"对话框中选择需要导入的 CAD 图像文件，然后单击右侧的"选项"按钮，在弹出的对话框中将单位改成"毫米"。将户型平面图导入后，将面进行封闭，并推拉为墙体，如图 12-20 所示。

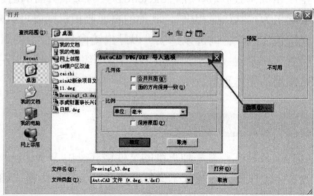

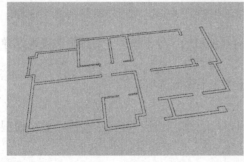
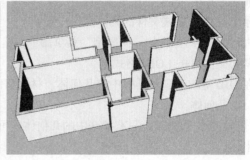

图 12-20

光盘文件位置：光盘>第 12 章>课堂练习——导入户型平面图，快速拉伸墙体。

12.5 课后习题——为模型添加彩平面底图

习题知识要点：打开模型，执行"文件→导入"菜单命令，在弹出的对话框中选择总平面的图片，将文件类型选择为"JPG"格式，并勾选右侧的"作为图片"选项，单击"打开"按钮完成图片的导入。再利用"缩放"命令与"移动"命令将其放置到与模型相匹配的位置，如图 12-21 所示。

效果所在位置：光盘>第 12 章>课后习题——为模型添加彩平面底图。

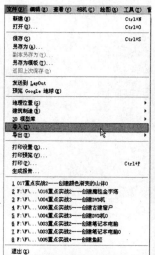

图 12-21

第
13
章

概念规划——某住宅小区规划

【要点索引】

- 掌握概念规划这一层次的 SketchUp 表现深度
- 掌握在 SketchUp 中构建概念山体的技巧
- 掌握在 SketchUp 中批量出图的技巧

13.1 了解概念规划与 SketchUp 的关系

概念性规划是介于发展规划和建设规划之间的一种规划，它强调的是思路的创新性、前瞻性和规划指导性。概念性规划属于一种宏观发展思路的探讨和研究，它淡化了设计的表象，使规划成为纲领性、战略性的文化，指导和协调城市发展与建设。

对于概念规划阶段，SketchUp 着重传达规划师的设计理念，对于模型的精细程度要求不是很高，重点突出表达设计空间层次和空间结构关系。SketchUp 的快速模型构建和多种风格的图面表达功能，能够灵活地体现设计师的理念与思想，这是其他软件所无法比拟的。

13.2 工程概况

本项目位于南方某县城，用地面积约 4.9 公顷。地形起伏较大，自然条件较好，地块内有一较大的水塘，还有小部分较旧的民房。

作为县城一个重要的小区开发项目，要遵循绿色、舒适、安全及多样化的设计原则，尽量做到使每个住户均有良好的朝向与景观，充分利用自然地形的独特优势，为小区创造一个舒适、安静的生态居住环境和健康文明的人文环境。

本次规划的设计理念主要有以下几个方面。

（1）充分利用自然地形条件，形成"串水连山"的独特中心景观轴线。

（2）在小区内部营造较多的组团级景观中心，加强房前屋后的绿化设计，如图 13-1 所示。

（3）打造一条 L 形的线性水景，创造"江南水乡"的居住意境和氛围，如图 13-2 所示。

图 13-1

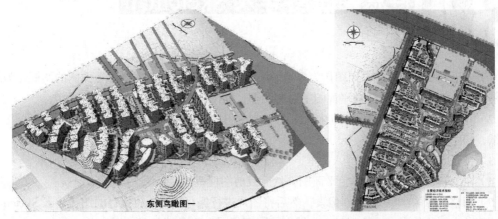

图 13-2

13.3 分析方案平面图

（1）打开设计的 CAD 总平面图，并认真读图，如图 13-3 所示。

从设计平面图中可以读出几个关键问题。

➢ 该小区基本以多层住宅为主，局部有小高层住宅以及叠院。

➢ 规划地块的地形起伏较大，呈现南高北低的走势，地块东面有一自然山体。

➢ 沿街住宅底层为商业，小区中心景观轴对景有水体、休闲会所和自然山体。

（2）对 CAD 总平面图导出，使用 Photoshop 软件或其他方式进行彩色填充（填充的具体步骤不在本书的范畴之内，读者可以查询相关的书籍进行了解），完成彩平面图，如图 13-4 所示。

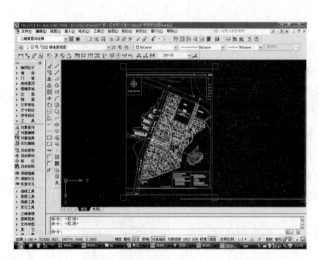

图 13-3

图 13-4

13.4 将总平面图导入 SketchUp

（1）由于主要是用彩色平面图作为模型的底图，因此只需导入 CAD 总平面图的图框作为彩色平面图的大小定位。在 CAD 总平面图中绘制图框，如图 13-5 所示。

（2）由于原图的图层较多，因此新建一个文件，并将所绘制的白色图框粘贴到原坐标，接着保存图纸，如图 13-6 所示。

（3）打开 SketchUp，然后导入图框，导入的时候设置单位为"米"，如图 13-7 所示。

（4）在 Photoshop 中打开彩色平面图，然后裁剪图框范围，如图 13-8 所示。

（5）调整图像的高度为 2400 像素，然后将图片进行保存，接着将保存的图片导入 SketchUp，最后调整导入图片的大小，使其与之前导入的图框相同，如图 13-9 所示。

图 13-5

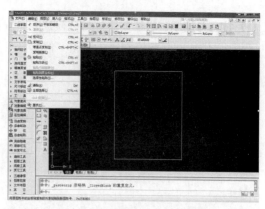

图 13-6

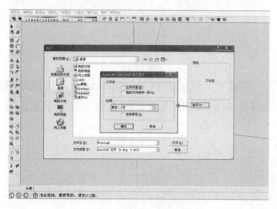

图 13-7

图 13-8

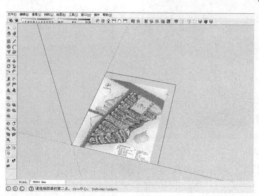

图 13-9

技巧与提示：由于 SketchUp 对于大像素的图像识别不理想，且占用较大的空间，因此这里建议将图像高度修改为 2400 像素比较合理。

13.5 创建场地

（1）将导入的图像炸开，然后使用"直线"工具 ✏ 和"圆弧"工具 ⌒ 绘制场景的道路（包括城市道路与小区内部道路），如图 13-10 所示。

技巧与提示：在绘制圆弧的时候注意将默认的 12 边改成 36 边。

（2）完成圆弧的绘制后，使用"偏移"工具 偏移该段圆弧，完成小区主干道的绘制，如图 13-11 所示。

图 13-10

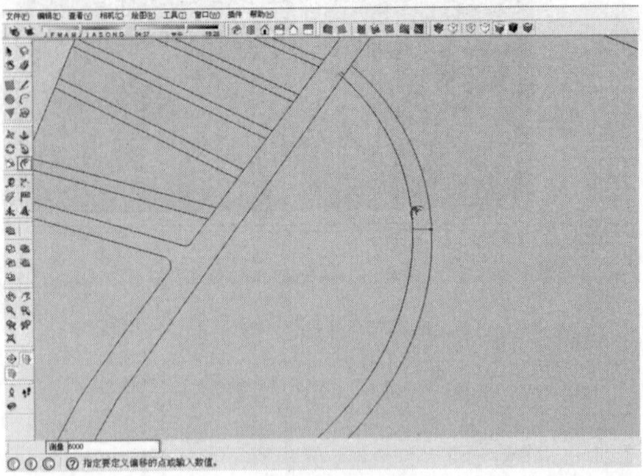

图 13-11

（3）根据总平面图道路场地的竖向设计，使用"直线"工具 按场地的园林设计将场地分割成几份，然后使用"推/拉"工具 将分割的地块分别拉伸至相应的高度，接着为道路赋予灰色的材质，如图 13-12 所示。

（4）导入 CAD 山体线，然后进行封面，如图 13-13 所示。

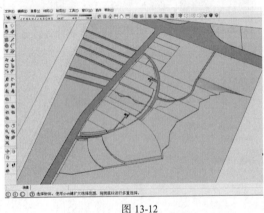

图 13-12

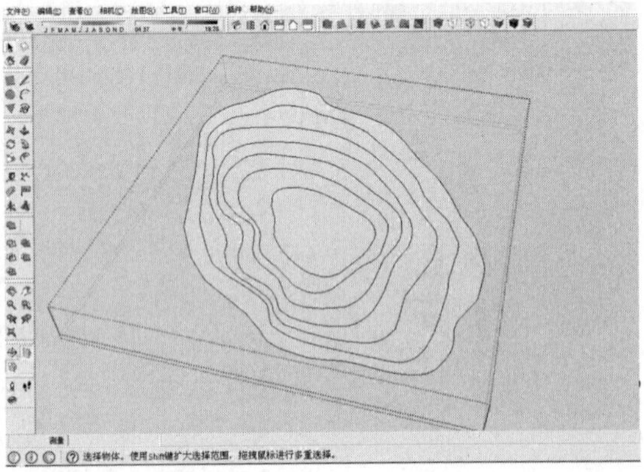

图 13-13

（5）将封面后的山体推拉至相应的高度，如图 13-14 所示。

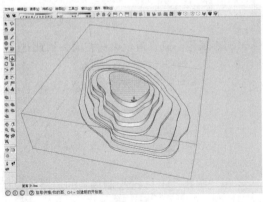

图 13-14

图 13-15

（6）将创建的山体放入场景的相应位置，完成场景的创建工作，如图 13-15 所示。

13.6 创建住宅建筑单体

本例的方案有 3～4 种户型，但是住宅的创建方式基本相似，这里仅选择一个具有代表性的住宅样式进行创建。

（1）将户型平面图导入 SketchUp，然后制作为组件，接着进行封面，如图 13-16 所示。

（2）使用"推/拉"工具 将平面拉高 3m（这是一层的高度），如图 13-17 所示。

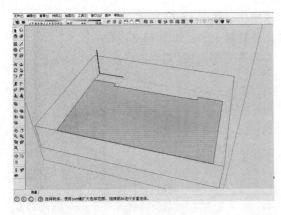

图 13-16

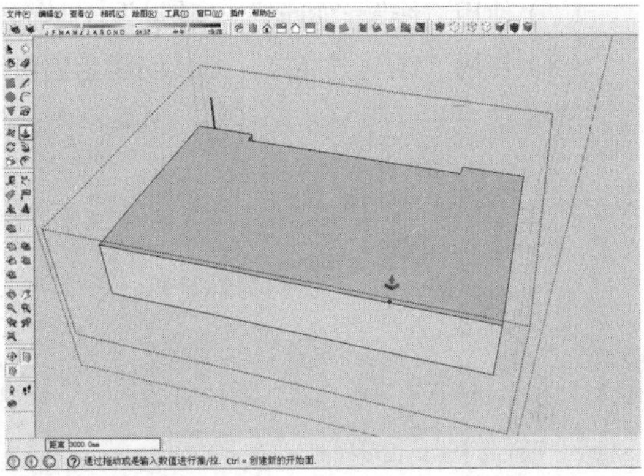

图 13-17

（3）创建一个阳台，然后将阳台制作为组件，如图 13-18 所示。

（4）将阳台复制一份到相应的位置，完成标准层的创建，然后将标准层制作为组件，如图 13-19 所示。

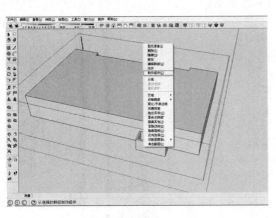

图 13-18

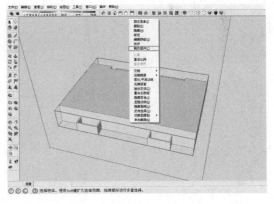

图 13-19

（5）复制标准层，创建出 11F 的小高层建筑，如图 13-20 所示。

（6）使用"线"、"矩形"、"推拉"工具创建架空层的柱体结构，如图 13-21 所示。

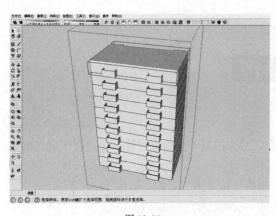

图 13-20

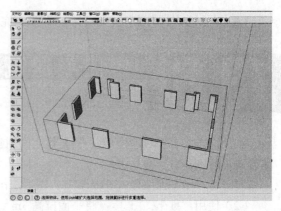

图 13-21

（7）使用"线"、"矩形"、"移动"工具创建斜坡屋顶，如图 13-22 所示。

（8）使用"线"、"推拉"工具创建老虎窗组件，并复制一个，如图 13-23 所示。

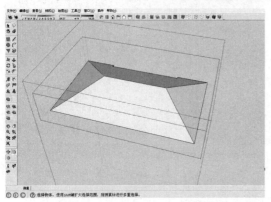

图 13-22

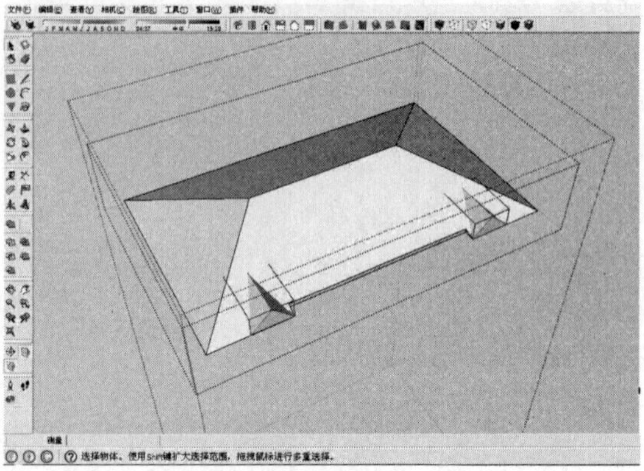

图 13-23

（9）创建 4 个矩形并拉伸一定的高度，作为阳台的顶盖，如图 13-24 所示。

（10）创建角楼主体，然后制作为组件，如图 13-25 所示。

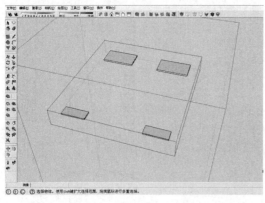

图 13-24

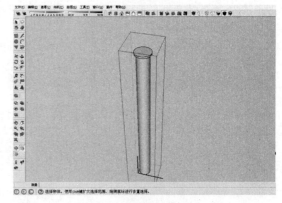

图 13-25

（11）使用"推/拉"工具 在角楼顶部拉伸一定的高度，然后选择顶面进行缩放，创建出圆锥体的形状，如图 13-26 所示。

（12）完成住宅的楼梯间并将角楼复制一份至建筑的另外一边，如图 13-27 所示。

（13）使用相同的方法创建其他几种户型建筑，完成后的效果如图 13-28 所示。

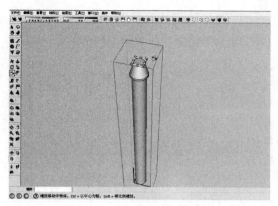

图 13-26

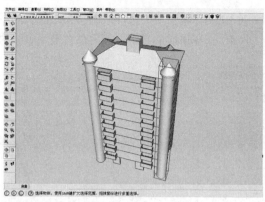

图 13-27

图 13-28

13.7 创建其他建筑体块

其他几个重要的建筑体块包括沿街商业、休闲会所和北面的公建，下面分别进行创建。

（1）将道路商业平面图导入 SketchUp，然后进行封面拉伸，创建沿街商业建筑体块，如图 13-29 所示。

（2）导入休闲会所平面图，然后进行封面，接着拉伸 3m 的高度，如图 13-30 所示。

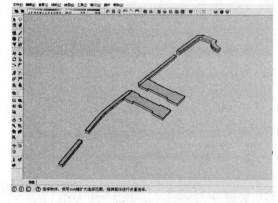

图 13-29

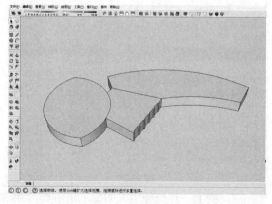

图 13-30

（3）将休闲会所的标准层制作为组件，然后复制 3 层，如图 13-31 所示。

（4）选择顶层的建筑，然后在右键菜单中执行"单独处理"命令，如图 13-32 所示。

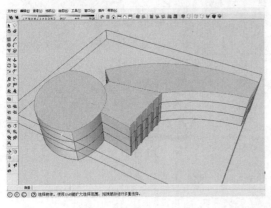
图 13-31

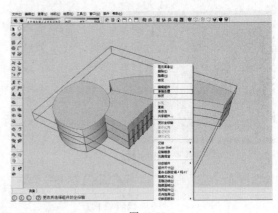
图 13-32

（5）删除顶层建筑的中间部分，然后将两侧建筑的顶面向内偏移 0.3m，如图 13-33 所示。

（6）将偏移的部分拉伸 1.1m，完成女儿墙的创建，如图 13-34 所示。

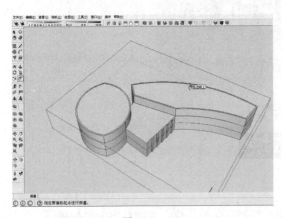
图 13-33

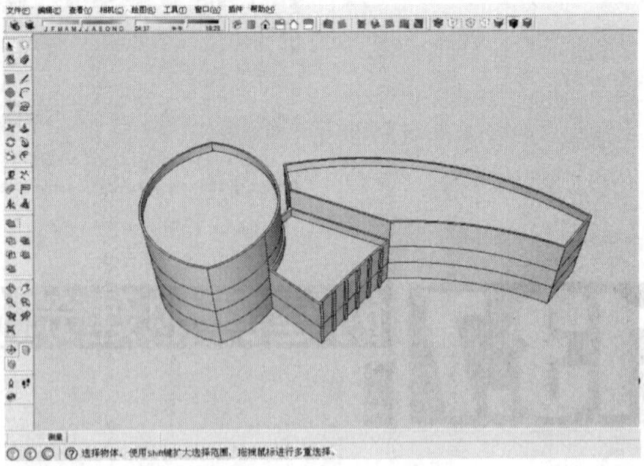

图 13-34

（7）导入北面公建的 CAD 图并进行封面，然后拉伸 3m，如图 13-35 所示。

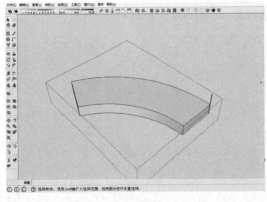
图 13-35

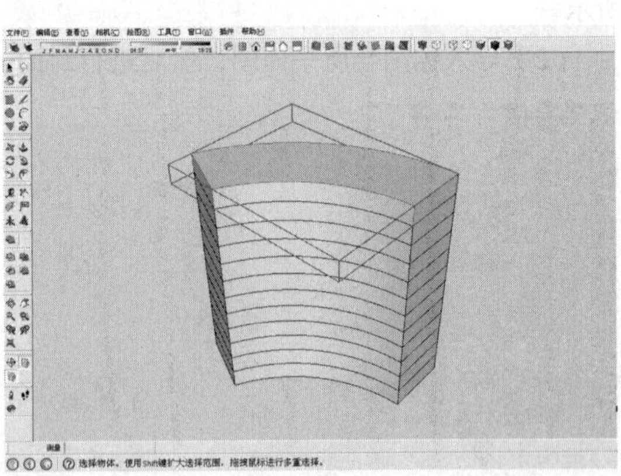

图 13-36

（8）将上一步拉伸生成的标准层制作为组件，然后复制相应的层数，如图 13-36 所示。

（9）创建建筑的角楼部分，并制作为组件，如图13-37所示。

（10）使用"直线"工具✏绘制出顶楼的三角形坡面，然后使用"跟随路径"工具🔧（快捷键为D）创建坡屋面，如图13-38所示。

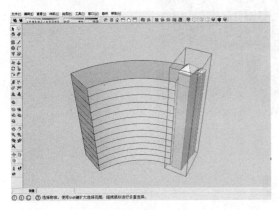

图 13-37

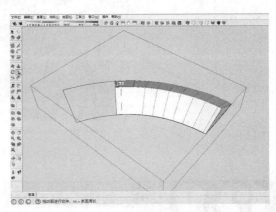

图 13-38

（11）向内移动三角形坡屋面顶端的两个角点，完成坡屋面的创建，如图13-39所示。

（12）使用"矩形"工具▭创建出楼梯间的模型，完成建筑模型的创建，如图13-40所示。

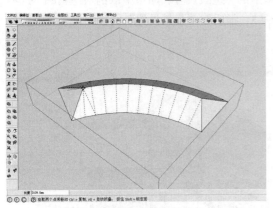

图 13-39

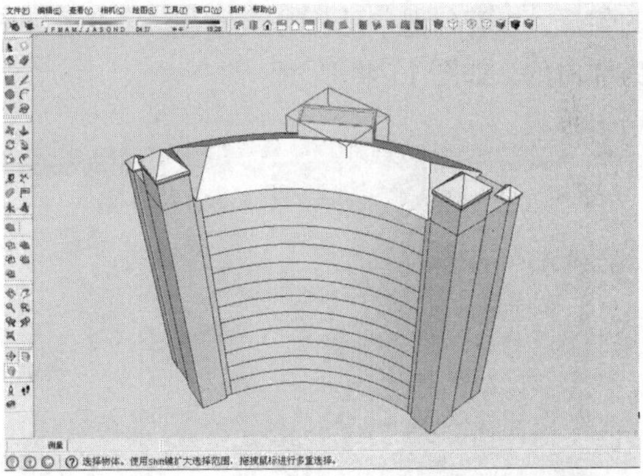

图 13-40

（13）将各个住宅建筑拼合到场景空间中，如图13-41所示。

（14）将沿街商业拼合到场景空间中，如图13-42所示。

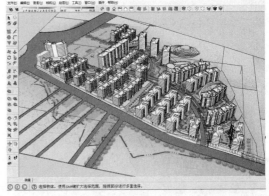

图 13-41

图 13-42

（15）将休闲会所等公建拼合到场景空间中，完成整个场景的模型添加，如图13-42所示。

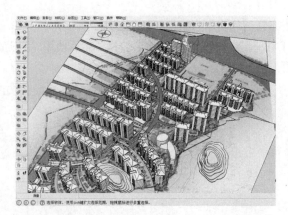

图 13-43

13.8 场景的环境设置

（1）打开"风格"编辑器，然后在"编辑"选项卡的"边线设置"面板中取消对"轮廓"选项的勾选，接着勾选"延长线"选项，并设置延长量为 3，最后在"背景设置"面板中设置背景颜色为纯白色，如图 13-44 所示。

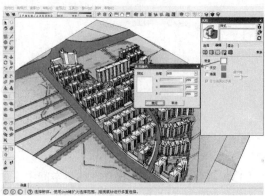

图 13-44

图 13-45

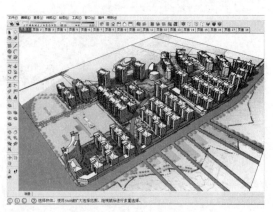

图 13-46

（2）调整光影关系，尽量使得场景中的建筑模型有亮面和暗面，增加建筑的体积感，如图 13-45 所示。

（3）打开"页面"编辑器添加 18 个页面，每个页面的角度不同，如图 13-46 所示。

13.9 批量输出图像

本案例有 18 个不同角度的页面，如果将这些页面一一导出为 2D 图像，不仅操作重复，而且会浪费大量的时间。下面介绍一种批量出图的方法。

（1）执行"窗口→场景信息"菜单命令，打开"模型信息"编辑器，然后在左侧的列表中选择"动画"选项，接着设置"场景转换"为 1 秒、"场景延时"为 0 秒，如图 13-47 所示。

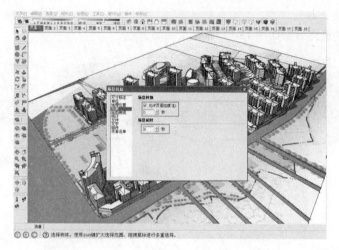

图 13-47

（2）执行"文件→导出→动画"菜单命令，然后在弹出的对话框中设置保存路径和格式，如图 13-48 所示。

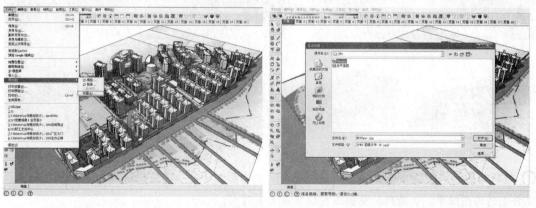

图 13-48

（3）在导出动画的时候会弹出"动画导出选项"对话框，在该对话框中设置导出图片的尺寸和帧数，如图 13-49 所示。

⑪ **技巧与提示**：导出图片时不要勾选"从起始页循环"选项，否则会将第一张图导出两次。

（4）完成导出选项的设置后，接下来 SketchUp 会自动批量出图，如图 13-50 所示。

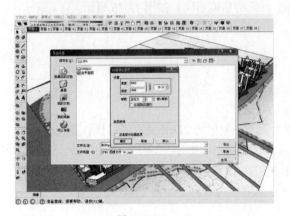

图 13-49   图 13-50

（5）本章案例的最终效果如图 13-51 所示。

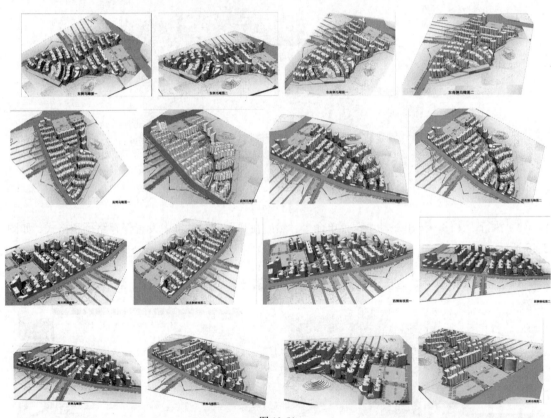

图 13-51

⑪ **技巧与提示**：在应用 SketchUp 的过程中，读者要善于学习和挖掘 SketchUp 的隐藏技巧来提高自己的作图效率，如使用批量出图就能节省大量时间。

关于建筑风貌，由于业主要求的是坡屋顶风格的建筑，所以本案例中构建出了简单的坡屋顶样式，在概念规划中能够向业主传达出建筑风格的意思就可以了。当然，读者可以尝试现代住宅或者传统住宅样式的构建，尽量用简单的模型符号来表示。

13.10 课堂练习——某中学学校规划案例

练习知识要点：主要使用基本绘图工具和基础编辑工具，简单创建学校建筑物，并导入彩平面作为规划底图，如图 13-52 所示。

效果所在位置：光盘 > 第 13 章 > 课堂练习——某中学学校规划案例。

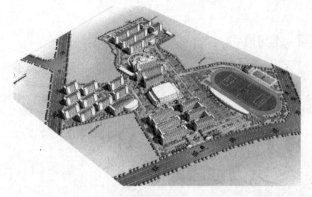

图 13-52

13.11 课后习题——某中学学校规划案例

习题知识要点：主要使用基本绘图工具和基础编辑工具，简单创建学校建筑物，并导入彩平面 JPG 作为规划底图，如图 13-53 所示。

效果所在位置：光盘 > 第 13 章 > 课后习题——某中学学校规划案例。

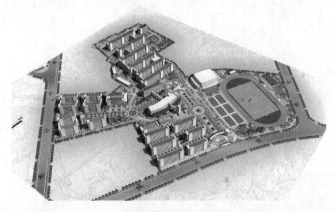

图 13-53

第14章

综合案例——别墅庭院园林景观设计

【要点索引】

- 掌握运用 SketchUp 创建别墅庭院园林景观模型的步骤
- 掌握从 SketchUp 中直接出图的方法
- 掌握使用 Photoshop 制作简单后期图像的步骤

14.1 别墅庭院园林景观设计

随着生活水平的提高，人们对生活环境的质量及住所环境的氛围要求也在不断提升，庭院空间已逐渐成为人们所日渐关注的生活空间。作为私人的居住空间，别墅庭院在设计上除了要满足基本需求以外，更要结合房屋主人的喜好对庭院环境进行挖掘和改造。

本案例设计了一处不规则水池，上面架设木质小桥，池边放置休闲座椅和遮阳伞，在庭院周边铺设石子小路，再种植几株乔木，树影婆娑，小桥流水，为庭院营造出一种亲近自然的环境氛围，如图 14-1 所示。

图 14-1

14.2 图纸分析整理

14.2.1 整理 CAD 图纸

CAD 图纸通常含有大量的图层、文字、线型和图块信息，这些信息在平面设计图中是必要的，但如果按原样将 CAD 文件导入到 SketchUp 中，会增加场景文件的复杂程度，所以在导入前要做一些整理工作，使图纸尽量简化，具体步骤如下。

（1）首先用 AutoCAD 打开配套光盘中的平面图，如图 14-2 所示。

（2）将 CAD 平面图中的标注、文字、图框等对建模无用的信息删除。

（3）接着在命令输入框中输入"pu"，对场景的图元信息进行清理。在弹出的"清理"对话框中单击"全部清理"按钮，如图 14-3 所示。

（4）在弹出的"确认清理"对话框中单击"全部是"按钮，如图 14-4 所示。

（5）直到"清理"对话框中的"全部清理"按钮变成灰色的时候，图像才算清理完成，如图 14-5 所示。有时需要多次重复清理步骤，才能将垃圾图块彻底清理干净。

（6）将清理完成的图纸保存为低版本的外部文件。例如，将"天正 7.5 版本"绘制的图纸转换为"天正 3 文件（*.dwg）"格式，以防 SketchUp 无法识别墙体等图形。

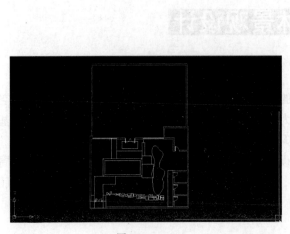

图 14-2

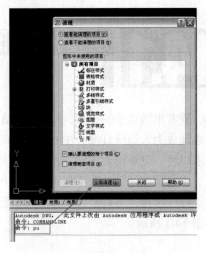

图 14-3

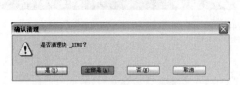

图 14-4

图 14-5

14.2.2　优化 SketchUp 的场景设置

在将 CAD 图形导入到 SketchUp 之前，需要对场景的单位等属性进行优化设置。

运用 SketchUp，执行"窗口→场景信息"菜单命令。在打开的"场景信息"对话框中展开"单位"面板，将单位设为十进制、毫米，勾选"启用捕捉"选项，将角度捕捉设置为 5.0，如图 14-6 所示。

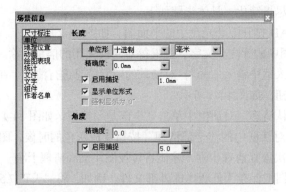

图 14-6

14.3 创建模型

14.3.1 导入图纸

（1）执行"文件→导入"菜单命令，导入之前保存的文件。设置导入"单位"为"毫米，导入后的效果如图 14-7 所示。

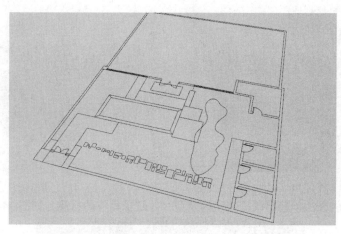

图 14-7

（2）将导入的平面图创建为组，如图 14-8 所示。

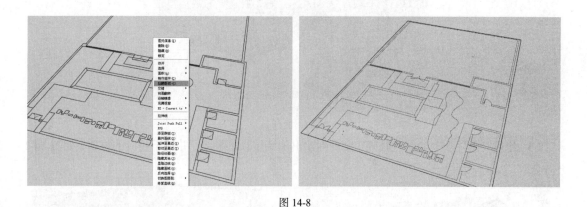

图 14-8

14.3.2 参照图纸创建模型

（1）参照平面图绘制一个矩形，然后利用"线"工具，将入口和水体所在的部分抠出，如图 14-9 所示。

（2）将面推拉出 250mm 的厚度，并创建为群组，然后为其赋予草地的材质，如图 14-10 所示。

（3）参照平面图创建出庭院的围墙模型，并赋予墙面涂料的材质，如图 14-11 所示。

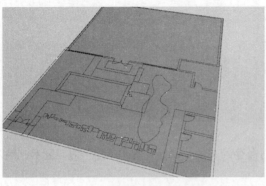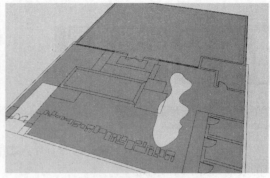

图 14-9

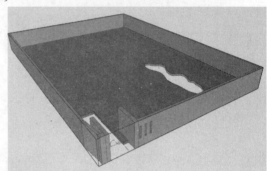

图 14-10   图 14-11

（4）使用同样的方法创建出围墙基座的模型，并赋予相应的材质，如图 14-12 所示。

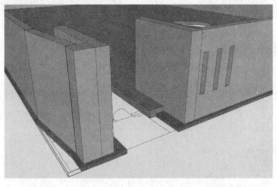

图 14-12

（5）使用"线"工具、"路径跟随"命令创建出围墙屋顶的模型，并赋予相应的材质，如图 14-13 所示。

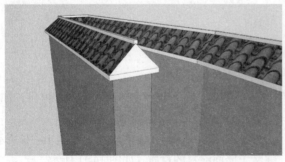

图 14-13

（6）在本书配套光盘的组件库中找到门头组件，并插入入口位置，如图 14-14 所示。

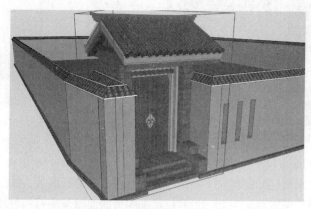

图 14-14

（7）创建出庭院内的硬质铺地，并将其创建为群组，然后赋予相应的材质，如图 14-15 所示。

图 14-15

（8）参照平面图创建出庭院模型的入口台阶以及两侧的绿化槽，然后将其创建为群组，并赋予相应的材质，如图 14-16 所示。

（9）创建出杂物间的建筑体块，将其创建为群组并赋予相应的材质，如图 14-17 所示。

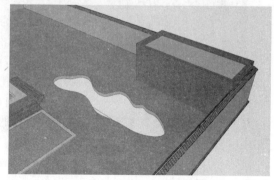

图 14-16　　　　　　　　　　　　　　　　　　　　　图 14-17

（10）创建木质的铺地组件，如图 14-18 所示。

（11）对水体部分进行封面，然后向下推拉一定的厚度，接着选择底面并向中间缩小，形成水面层，如图 14-19 所示。

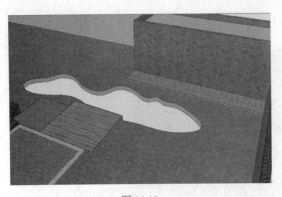
图 14-18

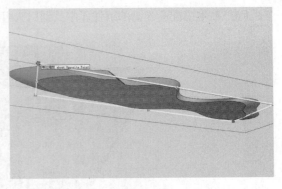
图 14-19

（12）将缩小的"水面层"面再向下推拉出一个层次，并进行缩放，如图 14-20 所示。

（13）打开"材质"编辑器，为上一步缩放出来的最底面赋予卵石的材质，如图 14-21 所示。

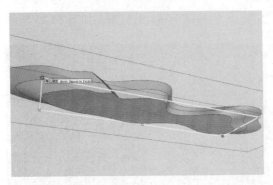
图 14-20

图 14-21

（14）为水体层进行封面，将其创建为群组并赋予水体的材质，如图 14-22 所示。

图 14-22

（15）使用"矩形"、"推拉"工具创建汀步的模型，将其分别创建为群组，并赋予相应的材质，如图 14-23 所示。

（16）从本书配套光盘的组件库中调出石头的组件，将其放置到水体的旁边并旋转复制多个，如图 14-24 所示。

（17）调出地灯的组件，将其放置到相应的位置，如图 14-25 所示。

（18）调出人物的组件，将其放置到相应的位置，如图 14-26 所示。

（19）调出木桥以及座椅的组件，将其放置到相应的位置，如图 14-27 所示。

（20）调出小别墅的模型组件，将其放置到相应的位置，如图 14-28 所示。

图 14-23

图 14-24

图 14-25

图 14-26

图 14-27

图 14-28

（21）调出树木的模型组件，通过移动、复制、缩放等操作将其放置到相应的位置，完成本案例的场景创建，如图 14-29 所示。

图 14-29

14.4 导出图像

14.4.1 风格设置

打开"风格"编辑器，然后在"编辑"选项卡的"背景设置"面板中勾选"天空"和"地面"选项，并调整天空和地面的颜色，如图 14-30 所示。

图 14-30

14.4.2 阴影设置

打开"阴影设置"对话框，然后调整日照时间和光线明暗数值直至模型显示出满意的光影效果，如图 14-31 所示。

图 14-31

14.4.3 添加页面

（1）单击"显示/隐藏阴影"按钮 ，激活阴影显示，如图 14-32 所示。

（2）将视图调整至一个合适的角度，然后添加一个页面，如图 14-33 所示。

图 14-32　　　　　　　　　　　　　　　图 14-33

14.4.4　导出图像

执行"文件→导出→2D 图像"菜单命令导出图像，如图 14-34 所示。

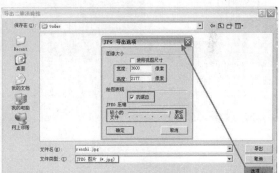

图 14-34

14.5 后期处理

（1）在 Photoshop 中打开前面导出的页面图像，然后解锁图层，如图 14-35 所示。

（2）选择图层 0，然后执行"滤镜→锐化→锐化"菜单命令，对图像进行锐化处理，这样可以使图像的显示更加清晰，如图 14-36 所示。

（3）执行"图像→调整→色彩平衡"菜单命令，对图像的色阶进行调整，如图 14-37 上图所示，调整后的效果如图 14-37 下图所示。

（4）调整图像的亮度和对比度，如图 14-38 所示。

（5）新建一个图层，然后按 Ctrl+Shift+Alt+E 组合键合并所有可见层（在此只有图层 0 可以合并；加入下面还有多少图层，则新建的这个层将对所有可见层进行合并，我们称其为合并层），如图 14-39 所示。

图 14-35   图 14-36

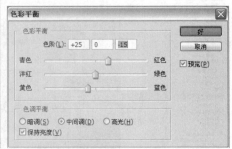

图 14-37

（6）执行"滤镜→模糊→高斯模糊"菜单命令，为合并层添加"高斯模糊"滤镜，如图 14-40 所示。

（7）调整合并图层的图像模式为"柔光"，并设置"不透明度"为 40%，如图 14-41 所示。

（8）完成图像的处理后，将图像另存为 JPG 格式，如图 14-42 所示。

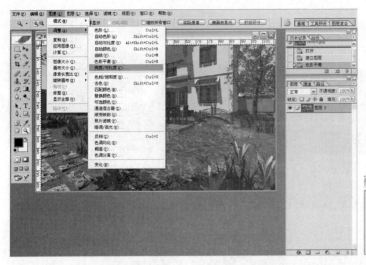

图 14-38

图 14-39

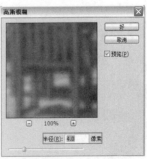

图 14-40

（9）采用相同的方法完成另外一个角度效果图的处理，如图 14-43 所示。

图 14-41

图 14-42

图 14-43

14.6 课堂练习——某小区景观中心建模

练习知识要点：利用基本绘图命令绘制出中心景观的铺地形式，接着为场景添加景观建筑物以及树木等组件，如图 14-44 所示。

图 14-44

效果所在位置：光盘 > 第 14 章 > 课堂练习——某小区景观中心建模。

14.7 课后习题——钟楼景观建模

习题知识要点：利用基本绘图命令根据 CAD 图创建景观构造物，并完善景观场景，如图 14-45 所示。

效果所在位置：光盘 > 第 14 章 > 课后习题——钟楼景观建模。

图 14-45

第 **15** 章

建模实例——欧式小高层住宅

【要点索引】

- 了解小高层住宅的特点
- 熟练掌握参照 CAD 图形创建模型的方法
- 掌握制作 "PNG 贴图" 材质的技巧

15.1 案例分析

15.1.1　本案例的建筑风格介绍

本案例为南方地区的一栋 14 层高层住宅，采用了现代简欧的建筑设计风格，如图 15-1 所示。

图 15-1

欧式建筑风格是一个统称，欧式建筑强调的是个性，以华丽的装饰、浓烈的色彩、精美的造型达到雍容华贵的装饰效果，所以一般欧式建筑上有很多棱角，喷泉、罗马柱、雕塑、尖塔、八角房这些都是欧式建筑的典型标志。欧式风格的建筑在中国可谓是遍地开花，但由于存在随意拼凑等问题，整体建造水平不是很高。随着住宅建设日趋成熟，欧式住宅的风格设计呈现多样化，建筑造型也更加生动。目前，市场上主要的欧式风格包括法式风格、英式风格、地中海风格等。

现代简欧风格继承了传统欧式风格的装饰特点，在设计上追求空间变化的连续性和形体变化的层次感，在古典欧式风格的基础上，以简约的线条代替复杂的花纹，采用更为明快清新的颜色，既保留了古典欧式的典雅与豪华，又更适应现代生活的休闲与舒适，追求深沉里显露尊贵、典雅中浸透豪华的设计表现，如图 15-2 所示。

图 15-2

15.1.2　分析本案例设计图纸

CAD 平面图作为建模的精确参考图纸，在创建模型之前，要先对其进行认真分析，这一点非常重要。本案例包含的 CAD 图纸较多，需要进行筛选导入。

1. 平面图

本案例中的住宅共 14 层，有 9 个不同的平面图，分别为地下一层平面图、一层平面图、2~3

层平面图、4~10 层平面图、11 层平面图、12 层平面图、13 层平面图、14 层平面图和屋顶平面图。通过分析，选择地下一层平面图、一层平面图、4~10 层平面图、14 层平面图和屋顶平面图 5 张具有代表性的平面图进行导入，如图 15-3 所示。

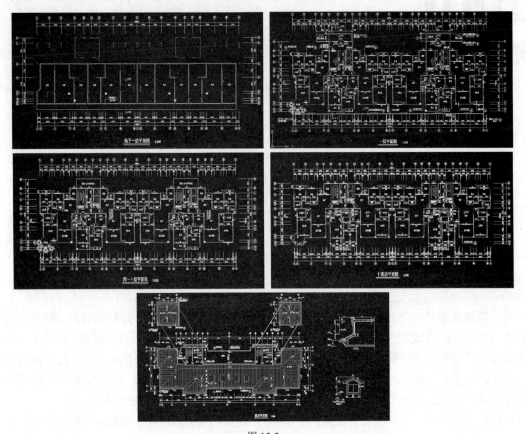

图 15-3

2．立面图

本案例的立面图包括南立面图、东立面图和北立面图，如图 15-4 所示。从图纸中可以看出，屋顶为坡顶的形式，门窗以及栏杆装饰效果很强。该建筑基地地形存在高差，建筑地下一层的南面处于地面上，并且建筑的立面基本对称。

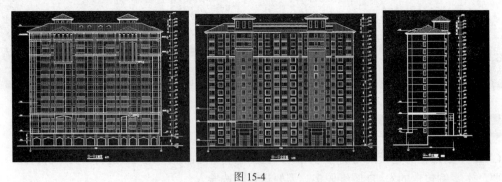

图 15-4

3．设计意象

关于建筑的风格、材质及色彩的设计，甲方所希望建设的意向图如图 15-5 所示。

图 15-5

15.2 导入 SketchUp 的前期准备工作

在第 14 章详细讲解了如何做好导入 SketchUp 前的准备工作，主要包括整理 CAD 图形（如删除标注和文字、删除多余图层和块以及转换为低版本图形）和优化 SketchUp 的场景设置（如设置单位、制作与调用 SketchUp 模板等），这些前期的准备工作对接下来的高效模型创建至关重要，在本案例中同样要进行相似的步骤。

15.2.1 整理图纸

1. 删除尺寸标注和文字注释

删除尺寸标注以及文字注释，简化后的平面图如图 15-6 所示。

简化后的立面图如图 15-7 所示。

2. 清理多余的图层和块

使用 Purge（清理）命令清理无用的图层和图块，如图 15-8 所示。

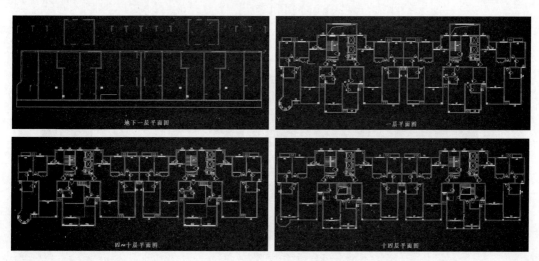

图 15-6

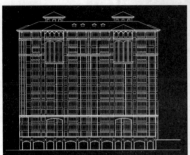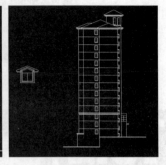

图 15-7

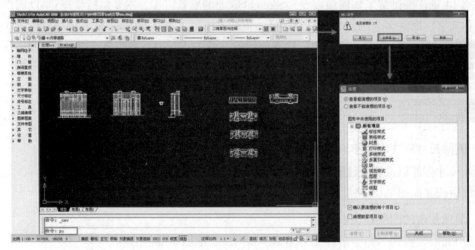

图 15-8

3．导出低版本图纸

将清理完成的图形导出为低版本的外部文件，如图 15-9 所示。

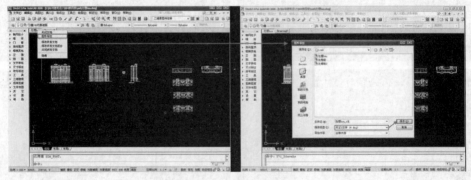

图 15-9

15.2.2　优化 SketchUp 的场景设置

打开 SketchUp，执行"窗口→场景信息"菜单命令，打开"场景信息"管理器，接着进行相应的设置，如图 15-10 所示。

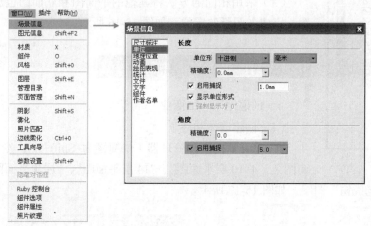

图 15-10

15.3　在 SketchUp 中创建模型

15.3.1　将 CAD 图纸导入 SketchUp

（1）执行"文件→导入"菜单命令导入 CAD 图纸，如图 15-11 所示。

（2）将导入的各个平面图和立面图创建为单独的组，如图 15-12 所示。

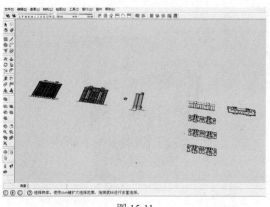

图 15-11

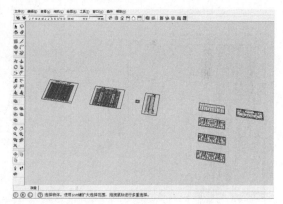

图 15-12

15.3.2　分离图层和调整位置

1．分离图层

将各个平面图和立面图创建为群组后，对"图层"管理器中多余的图层进行清理，然后将各个平面图和立面图划分到不同的图层中，如图 15-13 所示。

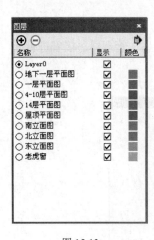

图 15-13

2.调整图纸位置

（1）调整南立面图的位置，如图 15-14 所示。

（2）调整一层平面图的位置，如图 15-15 所示。

（3）采用相同的方法将其他的平面图和立面图也放置到相应的位置，完成各图纸的定位，如图 15-16 所示。

15.3.3　在 SketchUp 中创建模型

1.创建地下一层商业

（1）创建墙体和柱子

① 打开"图层"管理器（快捷键为 Shift+E），然后隐藏"一层平面图"、"4~10 层平面图"、"14 层平面图"、"屋顶平面图"、"北立面"、"东立面"和"老虎窗"图层，如图 15-17 所示。

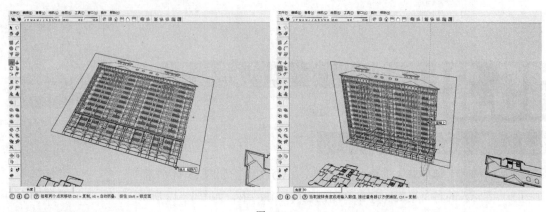

图 15-14

图 15-15

② 使用"直线"工具 ✏（快捷键为 L）绘制出地下一层平面图的墙体轮廓线，然后使用"推/拉"工具 ◈（快捷键为 U）参照立面的高度推拉出建筑地下一层的高度，如图 15-18 所示。

③ 参照 CAD 立面图，使用"矩形"工具 ▣绘制出商业柱子的截面，然后使用"推/拉"工具 ◈将其推拉出一定的厚度，接着将其创建群组后再制作成组件，如图 15-19 所示。

图 15-16

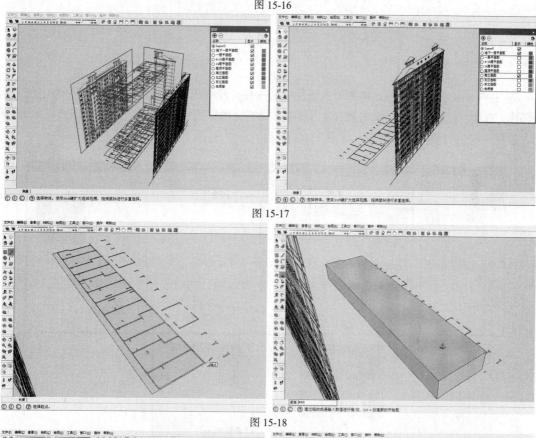

图 15-17

图 15-18

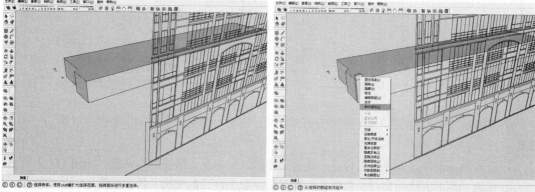

图 15-19

④ 双击商业柱子的组件，进入组件的内部编辑状态，然后参照 CAD 立面图使用"矩形"工具■和"推/拉"工具❖完成柱子的装饰，如图 15-20 所示。

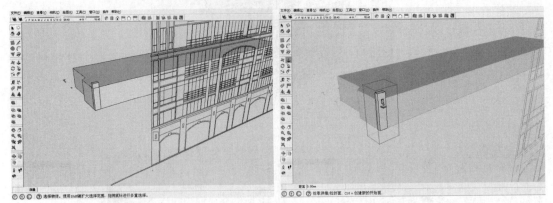

图 15-20

⑤ 打开"材质"编辑器，接着单击添加材质按钮，在弹出的"创建材质"对话框中勾选"使用贴图"选项，在弹出的"选择图像"对话框中选择指定的贴图后单击"打开"按钮，最后单击"确定"按钮，完成材质贴图的创建，如图 15-21 所示。

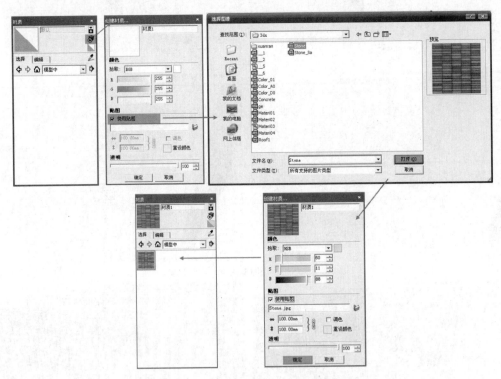

图 15-21

⑥ 双击柱子的组件，进入组件的内部编辑状态，然后为柱子赋予上一步创建的材质，如图 15-22 所示。

⑦ 查看贴图的纹理大小是否合适，此处贴图的纹理偏小，需要进行调整，如图 15-23 所示。

⑧ 采取相同的方法创建一个白色涂料的材质并赋予柱子的装饰构件，如图 15-24 所示。

⑨ 参照立面图，将柱体复制到相应的位置，如图 15-25 所示。

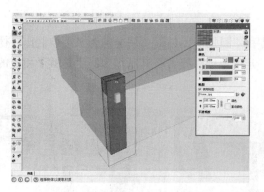
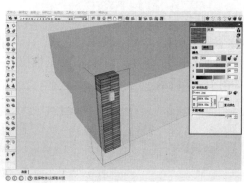

图 15-22　　　　　　　　　　　　　　　　　　　　图 15-23

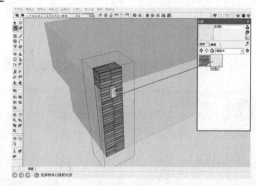

图 15-24

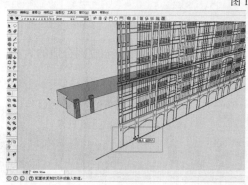
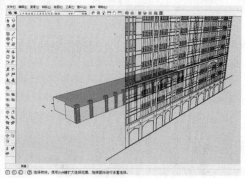

图 15-25

⑩ 使用"推/拉"工具 将商业南面的墙面向后推拉至柱体的背部边缘，如图 15-26 所示。

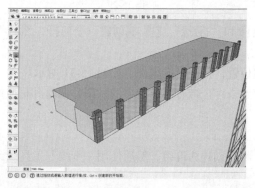

图 15-26

（2）创建底层商业店面

① 参照 CAD 立面图，使用"直线"工具 ∕ 和"圆弧"工具 ⟮（快捷键为 A）绘制出柱体之间斗拱的面，并用"推/拉"工具 ◆ 将其推拉出一定的厚度，接着将其制作为群组并赋予相应的材质，如图 15-27 所示。

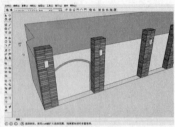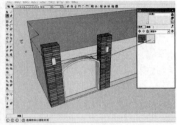

图 15-27

② 参照立面图，完善斗拱上方装饰并赋予相应的材质，最后将其制作成组件，如图 15-28 所示。

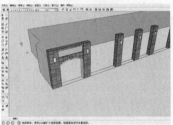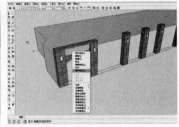

图 15-28

③ 参照立面图，将斗拱复制到相应的位置，并使用"缩放"工具 ◈ 缩放到合适的大小，如图 15-29 所示。

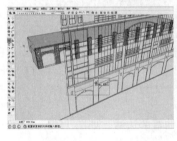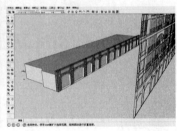

图 15-29

④ 使用"矩形"工具 ▣ 和"推/拉"工具 ◆ 创建一个门杆，然后将其制作成组件并赋予相应的材质，如图 15-30 所示。

⑤ 将门杆复制到其他位置，并制作成组件，如图 15-31 所示。

⑥ 为商业店面的玻璃赋予一个带有商业特点的贴图并调整其材质的透明度，增加商业氛围，如图 15-32 所示。

（3）创建商业层的女儿墙

① 选择商业的顶面并将其创建为群组，然后使用"直线"工具 ∕ 绘制一个线脚的截面，如图 15-33 所示。

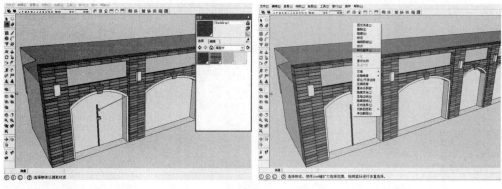

图 15-30

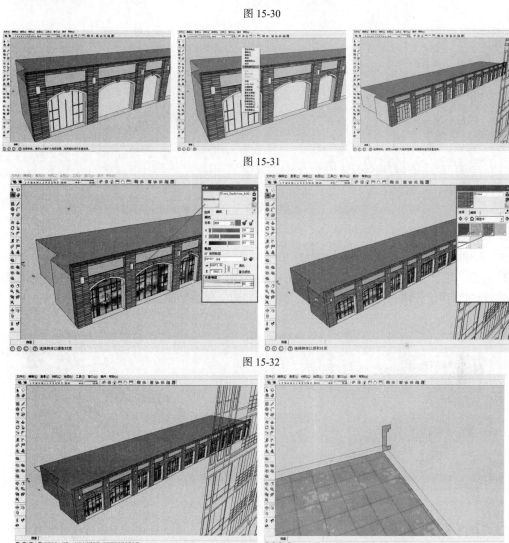

图 15-31

图 15-32

图 15-33

② 使用"跟随路径"工具 （快捷键为 D）将上一步绘制的截面沿商业顶面的边线进行放样，然后赋予其白色涂料的材质，如图 15-34 所示。

③ 打开"东立面图"图层，然后用一个体块来表示底层带有高差的部分，并赋予相应的材质，如图 15-35 所示。

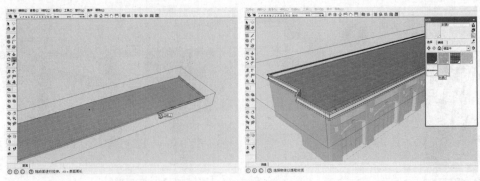

图 15-34

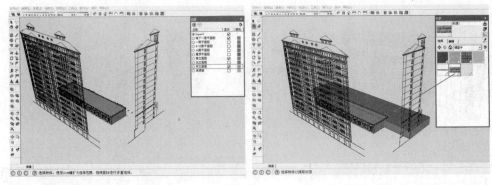

图 15-35

2．创建住宅主体部分

（1）创建建筑体块

① 打开"图层"管理器（快捷键为 Shift+E），然后显示"一层平面图"、"4~10 层平面图"和"14 层平面图"图层，接着使用"直线"工具 ✏️ 绘制出一层的平面，如图 15-36 所示。

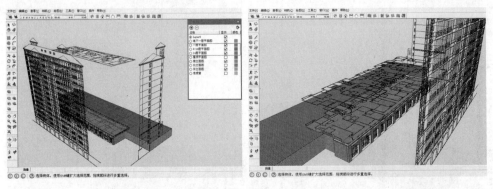

图 15-36

💡 **技巧与提示**：本案例的住宅部分是由两栋住宅连接而成，所以创建模型的时候只需对其中一个主体进行创建，然后将其制作成组件，然后进行镜像即可。

在建模的过程中，读者要善于发现和总结许多相似或者相同的部分，善用组件命令，这样能节约很多时间，提高作图效率。

② 参照立面图，使用"推/拉"工具 ♦️ 将体块推拉到 14 层的高度，并将其创建为群组，如图 15-37 所示。

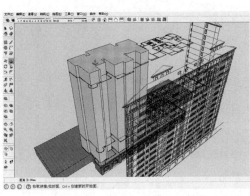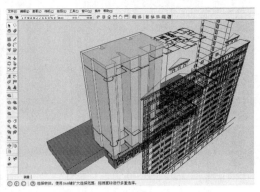

图 15-37

③ 观察立面的 11～13 层，可以发现建筑的造型上有些变化，使用"矩形"工具█和"推/拉"工具█创建突出的体块，如图 15-38 所示。

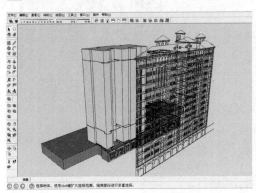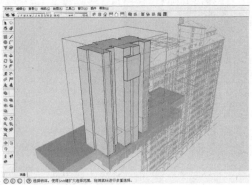

图 15-38

（2）创建开口门窗

① 参照平面图和立面图，使用"测量距离"工具█（快捷键为 Q）绘制出建筑门窗位置的辅助线，如图 15-39 所示。

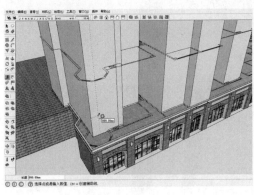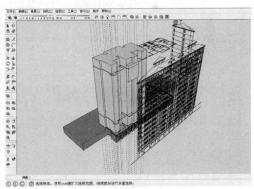

图 15-39

② 创建一个开口窗的窗框，并将其向上复制 13 份，如图 15-40 所示。

③ 复制窗框到其余位置，如图 15-41 所示。

④ 复制一个开口窗并进行单独处理，然后使用"矩形"工具█和"推/拉"工具█完善开口窗内部的构件，接着赋予相应的材质，如图 15-42 所示。

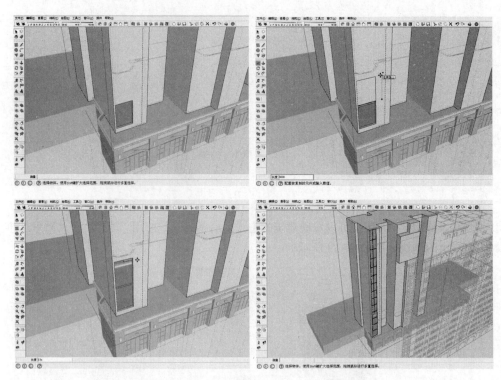

图 15-40

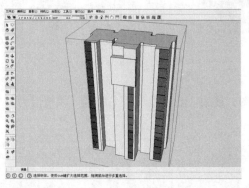

图 15-41

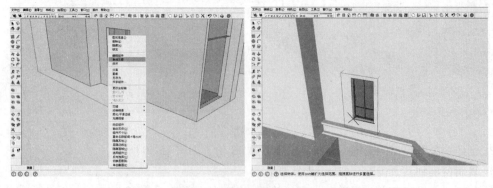

图 15-42

⑤ 将上一步制作的开口窗向上复制 13 份，如图 15-43 所示。

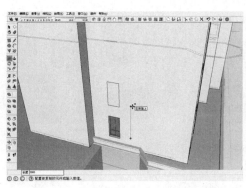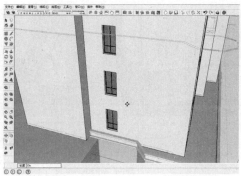

图 15-43

⑥ 使用相同的方法完成其他窗户和门的创建，如图 15-44 所示。

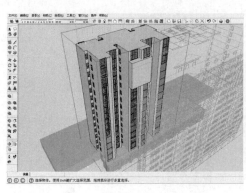

图 15-44

（3）创建阳台

① 根据 CAD 平面图完成阳台板的创建，然后为其赋予相应的材质，接着使用"推/拉"工具 （快捷键为 U）并结合 Ctrl 键拉伸出阳台栏杆的高度，如图 15-45 所示。

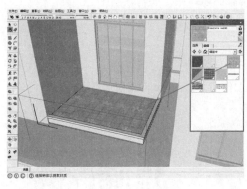

图 15-45

技巧与提示：本案例中的阳台栏杆是使用 PNG 格式的贴图来表达的。

② 将不需要的面删除，然后对面进行翻转，如图 15-46 所示。

③ 打开"材质"编辑器，为阳台栏杆赋予一个贴图材质，接着调整贴图的坐标位置，如图 15-47 所示。

④ 完成阳台的创建后，将阳台复制到其余位置，如图 15-48 所示。

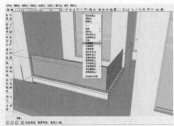

图 15-46

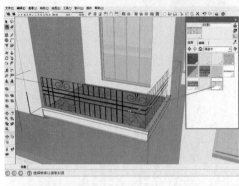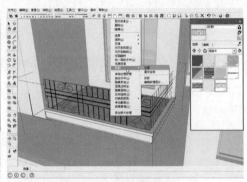

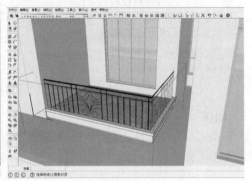

图 15-47

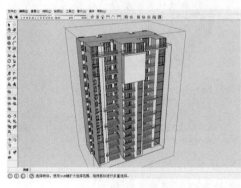

图 15-48

⑤ 参照立面图，使用"矩形"工具 ▨ 和"推/拉"工具 ▲ 完成凸窗的创建，然后将其创建为组件并赋予相应的材质，接着进行复制并制作成群组，如图 15-49 所示。

⑥ 使用相同的方法完成其余凸窗的创建工作，如图 15-50 所示。

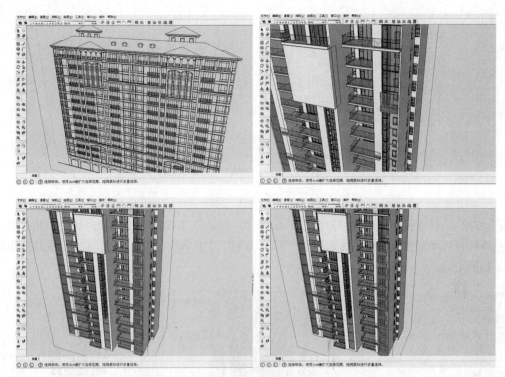

图 15-49

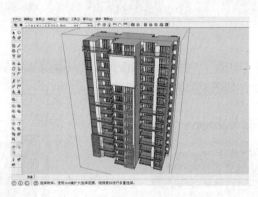

图 15-50

⑦ 参照 CAD 正立面图创建 11～13 层部分的模型，如图 15-51 所示。

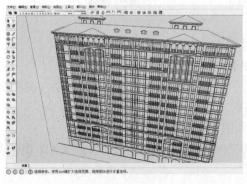

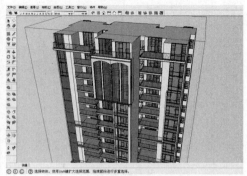

图 15-51

⑧ 参照 CAD 立面图，使用"矩形"工具 和"推/拉"工具 完成线脚体块的创建，然后赋予白色涂料材质并制作成组件，接着使用"移动/复制"工具 和"缩放"工具 完成其他线脚的创建，如图 15-52 所示。

图 15-52

⑨ 参照立面图，使用"矩形"工具 和"推/拉"工具 完善建筑的立面构件，并制作成群组，接着赋予白色涂料材质，如图 15-53 所示。

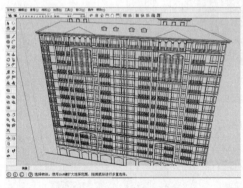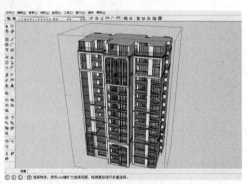

图 15-53

⑩ 参照 CAD 立面图创建 14 层的柱廊，如图 15-54 所示。

⑪ 参照 CAD 立面图，使用"圆弧"工具 、"推/拉"工具 和"偏移复制"工具 完成斗拱的创建，接着将其创建为群组并赋予相应的材质，如图 15-55 所示。

⑫ 参照 CAD 立面图创建建筑的角楼部分，如图 15-56 所示。

⑬ 将视图旋转到建筑背面的角度，然后显示"北立面图"图层，接着参照 CAD 图创建建筑北立面的构件，如图 15-57 所示。

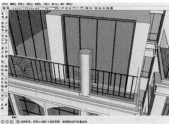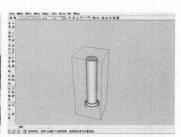

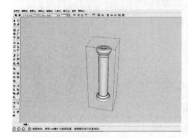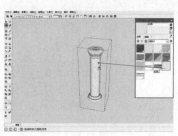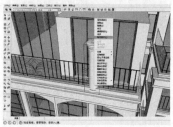

图 15-54

图 15-55

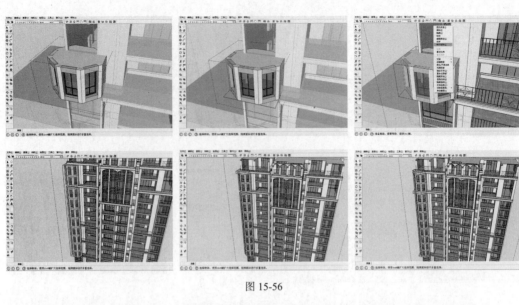

图 15-56

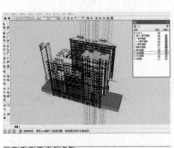

图 15-57

⑭ 完成建筑北立面构件的创建后，将其复制到其余位置，并赋予相应的材质，如图 15-58 所示。

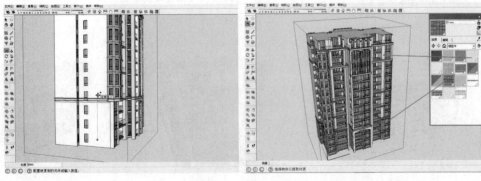

图 15-58

⑮ 将建筑制作成组件，然后复制一份并进行镜像，接着移动到相应的位置，如图 15-59 所示。

图 15-59

3．创建住宅屋顶部分

（1）显示"屋顶平面图"图层，然后参照 CAD 屋顶平面图以及立面图创建出坡屋顶，完成后将其创建为群组并赋予相应的材质，如图 15-60 所示。

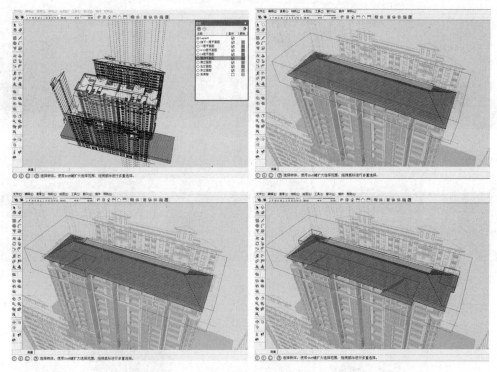

图 15-60

（2）参照 CAD 屋顶平面图以及南立面图，使用"矩形"工具█和"推/拉"工具⬆完成屋顶楼梯间的创建工作，然后将其创建为组件，并赋予相应的材质，接着将组件复制到另外一栋建筑的楼顶，如图 15-61 所示。

（3）打开"图层"管理器，然后显示"老虎窗"图层，接着参照 CAD 图用直线工具描绘出老虎窗的截面并进行推拉，完成创建后将其制作为组件并赋予相应的材质，最后创建屋顶的线脚部分，如图 15-62 所示。

（4）使用"直线"工具╱和"推/拉"工具⬆完成楼板的创建，然后将其制作为组件并赋予相应的材质，接着对楼板向上进行复制，如图 15-63 所示。

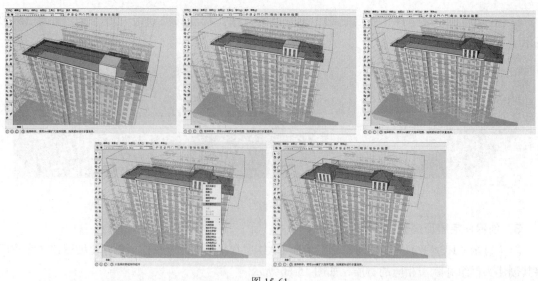

图 15-61

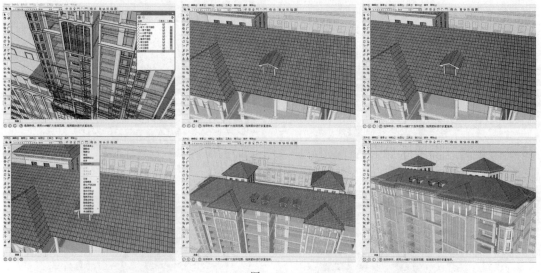

图 15-62

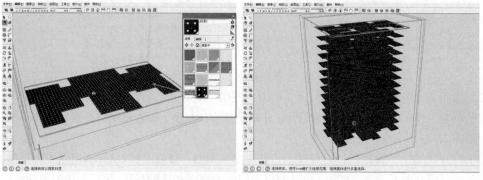

图 15-63

（5）打开"图层"管理器，然后隐藏所有图层，接着将所有辅助线删除，完成建筑物的创建，如图 15-64 所示。

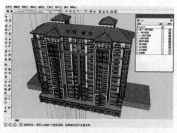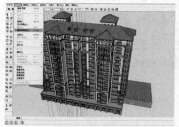

图 15-64

15.4 课堂练习——高层住宅楼建模案例

练习知识要点：根据 CAD 图使用绘图工具创建建筑模型，如图 15-65 所示。

效果所在位置：光盘 > 第 15 章 > 课堂练习——高层住宅楼建模案例。

图 15-65

15.5 课后习题——别墅建模案例

习题知识要点：根据 CAD 图使用绘图工具创建模型，如图 15-66 所示。

效果所在位置：光盘 > 第 15 章 > 课后习题——别墅建模案例。

图 15-66

第

16 章

室内建模实例——现代简约卧室

【要点索引】

- 掌握在 SketchUp 中创建和添加室内空间模型的方法
- 掌握从 SketchUp 中直接导出图像的流程及注意事项
- 掌握使用 Photoshop 软件进行简单的图像处理的方法

16.1 了解案例的基本内容

　　本案例场景为一个卧室的空间，室内设计采用了较为现代的设计风格，大方简洁、时尚典雅。墙面图案采用了咖啡色系的竖向线条，使空间显得更加开阔；流线型的弧形吊顶天花板，不论是白天还是夜晚都为卧室带来一些梦幻般的光影效果。

　　SketchUp 模型效果，如图 16-1 所示。

图 16-1

16.2 在 SketchUp 中创建室内空间模型

16.2.1　整理 CAD 平面图

　　在 SketchUp 中制作建筑模块以及室内模型，通常是从 CAD 平面图纸开始。CAD 图纸通常含有大量的图层、文字、线型和图块信息，这些信息在平面设计图中是必要的，但如果按原样将 CAD 文件导入到 SketchUp 中，会增加场景文件的复杂程度，所以在导入前要做一些整理工作，使图纸尽量简化，具体步骤如下。

　　（1）首先用 AutoCAD 打开配套光盘中的室内场景平面图，如图 16-2 所示。

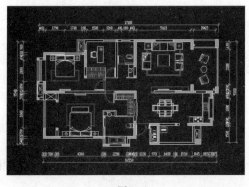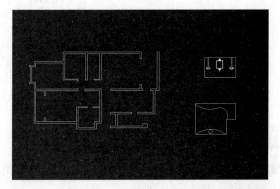

图 16-2　　　　　　　　　　　　　　　　　　　　　　　　图 16-3

（2）将 CAD 平面图中的家具、标注、文字以及图框等文字信息删除，并打开吊顶以及墙面立面图，如图 16-3 所示。

（3）在命令输入框中输入"pu"，对场景的图元信息进行清理。在弹出的"清理"对话框中单击"全部清理"按钮，如图 16-4 所示。

（4）在弹出的"确认清理"对话框中单击"全部是"按钮，如图 16-5 所示。

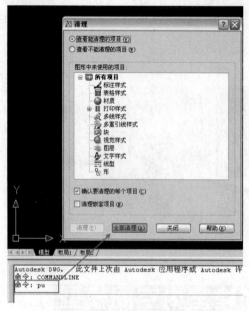

图 16-4

图 16-5

（5）直到"清理"对话框中的"全部清理"按钮变成灰色的时候，图像才算清理完成，如图 16-6 所示。

图 16-6

16.2.2 优化 SketchUp 的场景设置

打开 SketchUp，执行"窗口→场景信息"菜单命令，打开"场景信息"管理器，接着进行相应的设置，如图 16-7 所示。

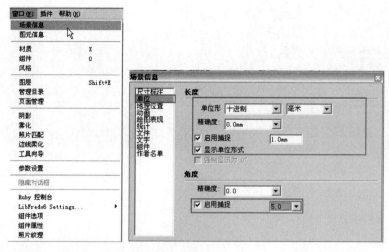

图 16-7

16.2.3　将 CAD 图纸导入到 SketchUp 中

（1）打开 SketchUp，执行"文件→导入"菜单命令，在弹出的"打开"对话框中，选定"chuli2.dwg"文件，在"文件类型"下拉列表框中选择"AutoCAD 文件（*.dwg）"格式，如图 16-8 所示。

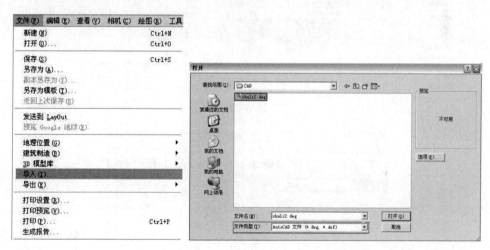

图 16-8

（2）单击右侧的"选项"按钮，在弹出的"AutoCAD DWG/DXF 导入选项"对话框中将"比例"单位改成"毫米"，然后单击"确定"按钮。最后单击"打开"按钮，完成 CAD 导入到 SketchUp 的操作，如图 16-9 所示。

（3）导入到 SketchUp 中的 CAD 是以线的形式存在的。接下来我们将平面图、天花板平面以及墙体立面图各自创建为群组（群组快捷键为 G），如图 16-10 所示。

（4）执行"窗口→图层"菜单命令，打开"图层"管理器，选择场景中的 Defpoints、墙体、图层 02、图层 03，单击"删除图层"按钮 ⊖，在弹出的"删除含有物体的图层"对话框中，点选"移至默认图层"选项，最后单击"确定"按钮，如图 16-11 所示。

（5）单击"增加层"按钮 ⊕，并将新图层分别命名为"平面"、"天花板"和"墙面"，如图 16-12 所示。

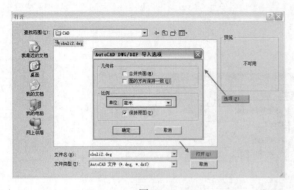

图 16-9

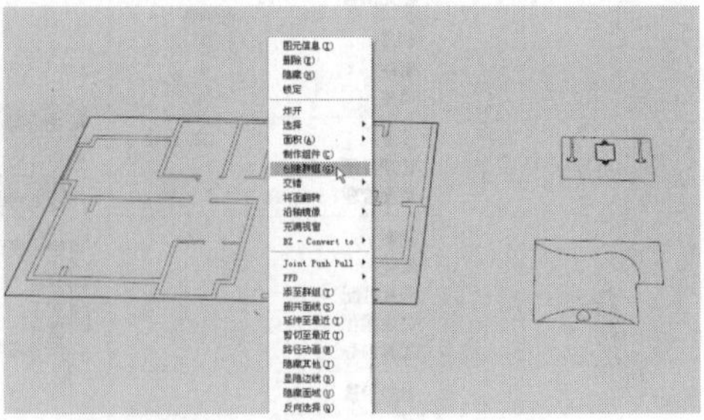

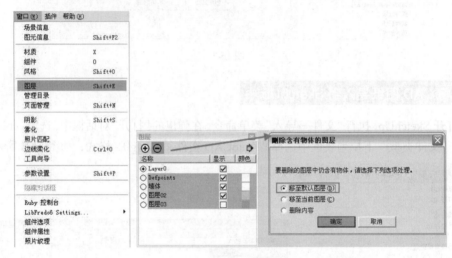

图 16-10

图 16-11

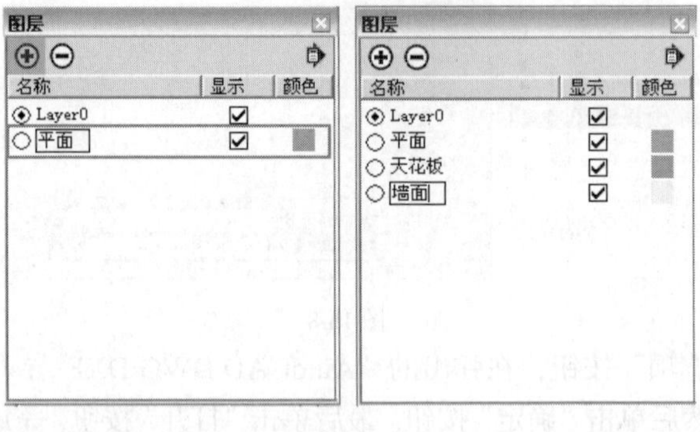

图 16-12

（6）选择室内平面图的群组，单击鼠标右键，在弹出的快捷菜单中选择"图元信息"命令，弹出"图元信息"对话框，将图层改成"平面"层，如图 16-13 所示。

（7）采用相似的方法将天花板以及墙面的 CAD 图也归到相应的图层中，如图 16-14 所示。

16.2.4 在 SketchUp 中创建模型一

1. 创建室内空间的体块

（1）打开"平面"图层，关闭其他的图层，如图 16-15 所示。

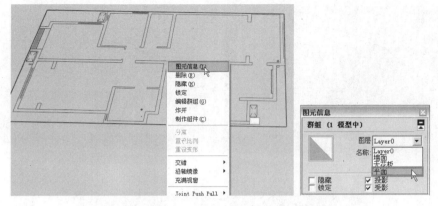

图 16-13

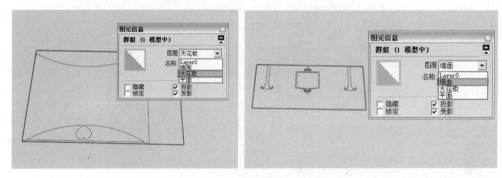

图 16-14

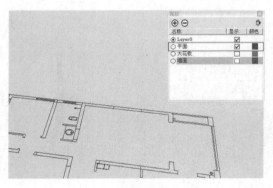

图 16-15

（2）本案例中只需要对主卧空间进行创建即可，用"矩形"命令按 CAD 平面图中的位置绘制一个矩形，并将其创建为群组。用"缩放"命令将其缩放到与 CAD 平面相契合的位置，如图 16-16 所示。

（3）双击进入群组内编辑，用"推/拉"工具将矩形面向上推拉出 2800mm 的高度，如图 16-17 所示。

（4）用"直线"工具描绘出卧室的平面，并将其创建为群组。双击进入群组内编辑，用"推/拉"工具将其向上推拉 2800mm 的高度，如图 16-18 所示。

（5）采用相似的方法创建卫生间体块（高 2400mm）以及连接体块，如图 16-19 所示。

（6）用"直线"工具在卧室体块顶面上画线（尺寸如图所示），将卧室空间的体块分割出储藏间的空间，并用"推/拉"工具推拉出高度变化，如图 16-20 所示。

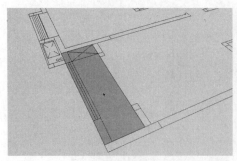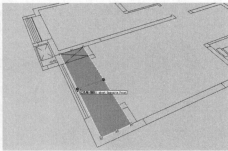

图 16-16

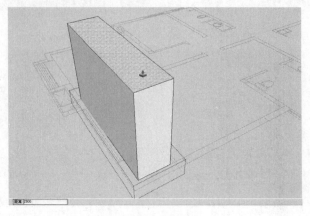

图 16-17

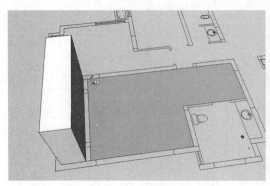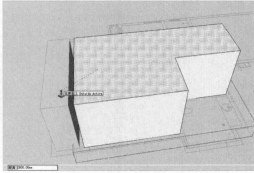

图 16-18

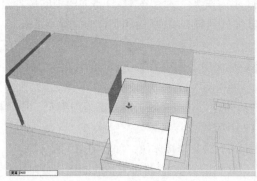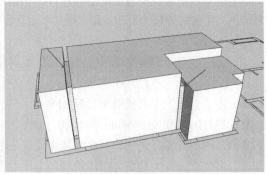

图 16-19

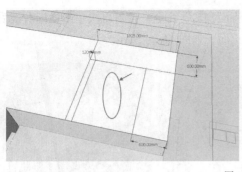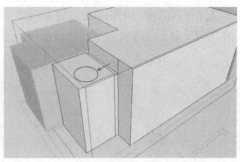

图 16-20

（7）选择卧室的体块群组，单击鼠标右键，在弹出的快捷菜单中选择"炸开"命令。接着选择顶面，单击鼠标右键后选择"隐藏"命令，将室内空间交错的面删除掉，如图 16-21 所示。

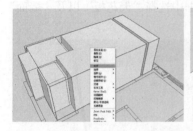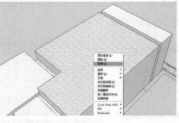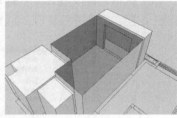

图 16-21

（8）用框选选择方式选择底面，激活"移动"命令并配合 Ctrl 键将底面向上复制 100mm 的距离，创建出室内踢脚面，如图 16-22 所示。

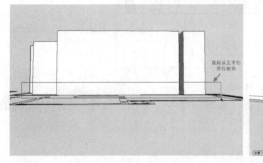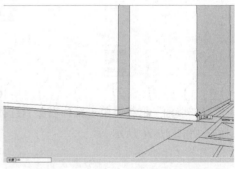

图 16-22

（9）选择卫生间的群组，单击鼠标右键后选择"炸开"命令，接着删除交错的面，如图 16-23 所示。

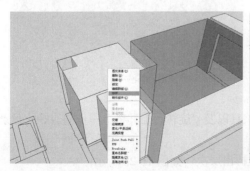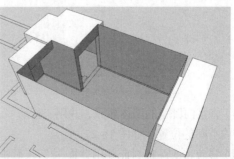

图 16-23

（10）选择室内的面，单击鼠标右键后选择"将面翻转"命令。接着再次单击鼠标右键后选择"统一面的方向"命令，将室内空间的面都调整为正面，如图 16-24 所示。

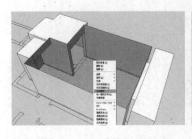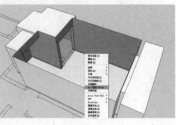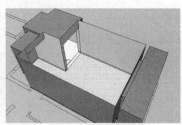

图 16-24

2．创建天花板以及墙面的模型

（1）执行"窗口→图层"菜单命令，在弹出的"图层"对话框中选择"天花板"以及"墙面"的两个图层，将其进行显示，如图 16-25 所示。

图 16-25

（2）选择"墙面"群组，单击鼠标右键后选择"炸开"命令，并用"直线"工具将墙面的立面图进行封面，如图 16-26 所示。

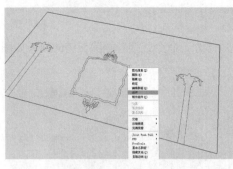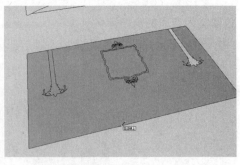

图 16-26

（3）将室内卧室的墙体删除，并用"移动"工具以及"旋转"工具将上一步创建好的背景墙放置到室内空间的位置，如图 16-27 所示。

（4）接着将天花板封面并用"推/拉"工具推拉出层次，如图 16-28 所示。

（5）全选天花板将其创建为群组，将室内顶部空间的面删除，并用"移动"工具将其放置到室内空间的顶部，如图 16-29 所示。

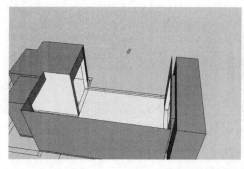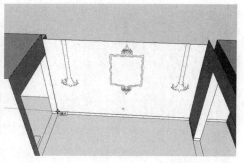

图 16-27

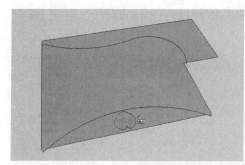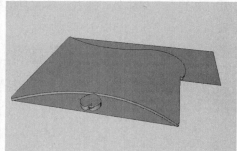

图 16-28

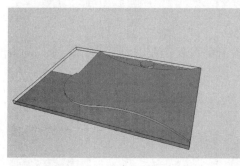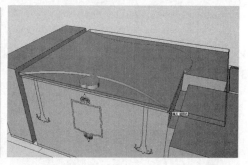

图 16-29

3. 创建室内空间的窗门等构件模型

（1）用"矩形"工具绘制 2600mm×2450mm 窗户的位置，并用"推/拉"工具将其向外推拉出 50mm 的厚度，如图 16-30 所示。

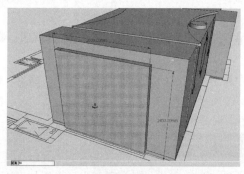

图 16-30

（2）使用"偏移"命令将窗口面向内偏移 50mm，然后将窗口的面删除，如图 16-31 所示。

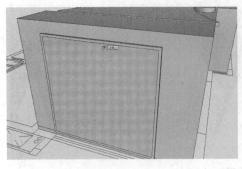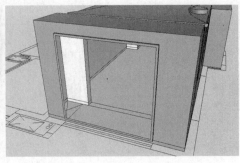

图 16-31

（3）用"矩形"、"偏移"、"推/拉"等工具创建出窗框并将其创建为组件，并用"移动"工具配合 Ctrl 键将其复制 2 份，如图 16-32 所示。

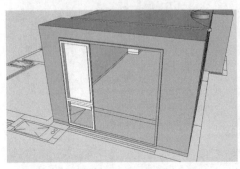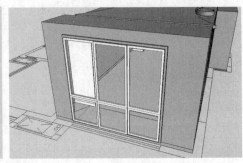

图 16-32

（4）采用相似的方法绘制出门洞口，并从光盘配套的本章节的组件库中选择一个门的组件，如图 16-33 所示。

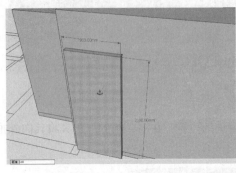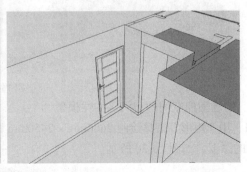

图 16-33

（5）为了操作方便可以先把天花板隐藏起来。选择天花板的群组，单击鼠标右键后选择"隐藏"命令，如图 16-34 所示。

（6）从本章节的组件库中将卫生间的门调入场景中，并用"缩放"命令以及"移动"工具将其放置到合适的位置，如图 16-35 所示。

（7）为储藏间的门创建出一个门框，如图 16-36 所示。

16.2.5　在 SketchUp 中创建模型二

（1）室内空间的模型基本已经创建完成，现在需要为场景添加页面。首先单击"实时缩放"工

具按钮 🔍 , 将默认的 35° 视角调整为 75° , 如图 16-37 所示。

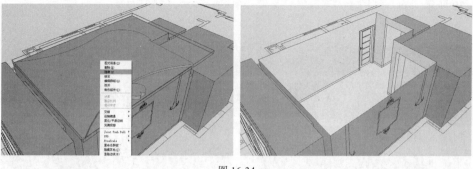

图 16-34

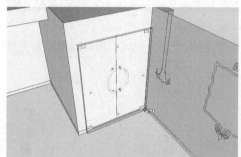
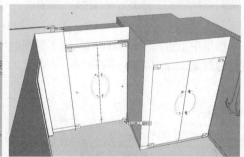

图 16-35

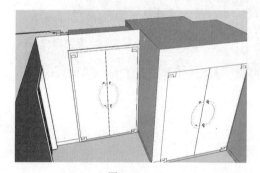
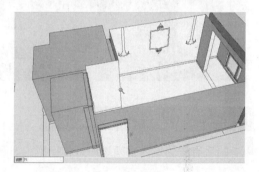

图 16-36

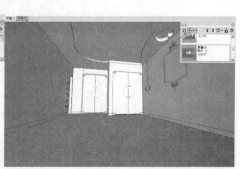

图 16-37

（2）将天花板的群组显示出来（快捷键为 Shift+A），调整好角度，然后执行"窗口→页面管理"菜单命令，在弹出的"页面管理"对话框中单击"添加页面"按钮 ⊕ ，创建页面 1 和页面 2，如图 16-38 所示。

图 16-38

（3）执行"窗口→材质"菜单命令，打开"材质"编辑器为室内空间的场景添加相应的材质，如图 16-39 所示。

图 16-39

在本场景中卫生间与储藏间均采用了贴图的形式，这样可以大大减少场景的模型量并且还能达到比较好的效果，如图 16-40 所示。

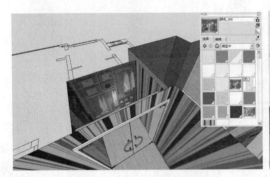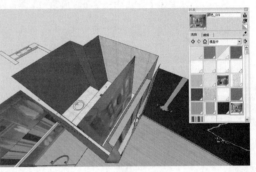

图 16-40

16.2.6　为室内场景添加家具模型

（1）首先为室内空间添加灯具模型，如图 16-41 所示。

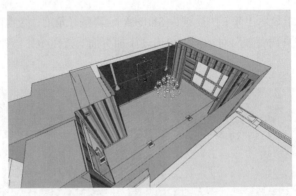

图 16-41

（2）接着添加窗帘，以及柜子、床等家具，如图 16-42 所示。

（3）最后单击"页面"标签，显示两张空间效果，如图 16-43 所示。

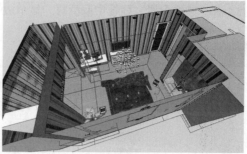

图 16-42

图 16-43

16.3 从 SketchUp 中导出图像前的准备工作

16.3.1 设置场景风格

本案例选取第一张效果图的导出步骤进行讲解。

（1）执行"窗口→风格"菜单命令，打开"风格"编辑器，如图 16-44 所示。

（2）在"风格"编辑器的"编辑"选项卡中将背景色设置为纯黑色，如图 16-45 所示。

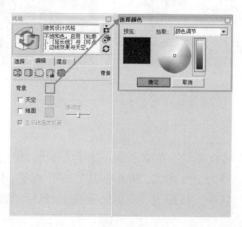

图 16-44   图 16-45   图 16-46

（3）在"边线设置"面板中取消对"显示边"选项的勾选，如图 16-46 所示。

16.3.2　调整阴影显示

（1）执行"窗口→阴影"菜单命令，打开"阴影设置"对话框，然后调整日照时间和光线明暗，直至场景显示出满意的光影效果，如图 16-47 所示。

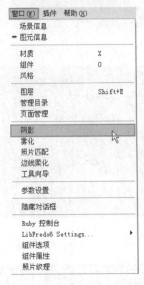

图 16-47

（2）在绘图区上方的工具栏中激活"显示/隐藏阴影"按钮🗾，显示阴影的场景效果如图 16-48 所示。

（3）使用相同的方法完成另外一个页面的阴影调整，如图 16-49 所示。

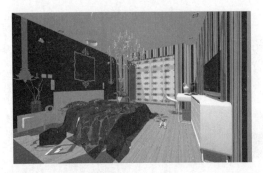

图 16-48　　　　　　　　　　　　　　　　　图 16-49

16.3.3　导出图像

（1）执行"文件→导出→2D 图像"菜单命令，打开"导出二维消隐线"对话框，设置导出的文件名为"renshi11"，文件类型为 JPG 格式，接着单击"选项"按钮，设置图像大小为 2800 像素 × 1710 像素，勾选"抗锯齿"选项，压缩为"更好的品质"，然后单击"确定"按钮，如图 16-50 所示。

 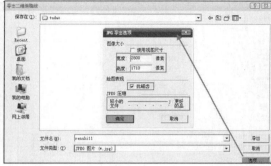

图 16-50

（2）完成导出设置后，单击 导出 按钮将图像导出，如图 16-51 所示。

（3）将图像导出后，还需要导出一张线框图，用于后期的处理。首先对风格进行设置，如图 16-52 所示。

 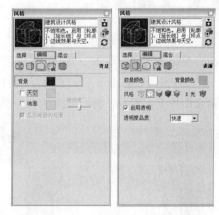

图 16-51　　　　　　　　　　　　　　　　　　　　图 16-52

（4）将线框图按照上述图像的导出方法进行导出，如图 16-53 所示。

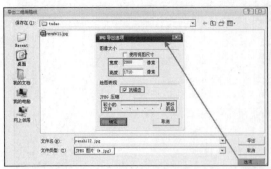

图 16-53

16.4 图像的 Photoshop 后期处理

（1）首先使用 Photoshop 软件打开上面导出的页面图像，双击"背景"层上的小锁，将图像解锁，并命名为"图层 1"，如图 16-54 所示。

（2）用 Photoshop 打开上面导出的线框图，按住 Shift 键将线框图导入到页面图像文件中，使两张图片上下重叠，将线框图所在的图层命名为"图层 2"，并放置在最上面，如图 16-55 所示。

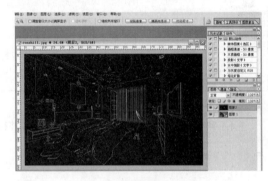

图 16-54   图 16-55

（3）单击选择图层 2，执行"图像→调整→反相"菜单命令对线框图的颜色进行反相，如图 16-56 所示。

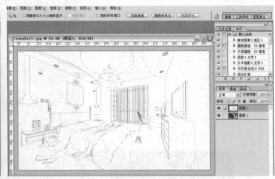

图 16-56

（4）将图层 2 的图像模式设置为"正片叠底"，然后调整"不透明度"为 50%，如图 16-57 所示。

（5）选择图层 1，执行"滤镜→锐化→锐化"菜单命令，将图像进行锐化处理，这样可以使图像显示得更加清晰，如图 16-58 所示。

图 16-57   图 16-58

（6）选择图层 1，执行"图像→调整→色彩平衡"菜单命令，在弹出的"色彩平衡"对话框中将色阶调整到 25，0，-15 的数值，如图 16-59 所示。

图 16-59

（7）选择图层 1，增强图像的亮度和对比度，如图 16-60 所示。

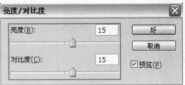

图 16-60

（8）用"加深"工具 将近处的地面加深，增加图面的进深感，如图 16-61 所示。

（9）新建一个图层，然后按 Ctrl+Shift+Alt+E 组合键合并所有可见层，使该图层成为一个合并层，如图 16-62 所示。

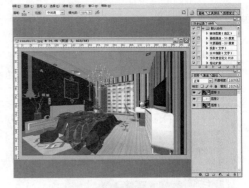

图 16-61　　　　　　　　　　　　　　　　　　　图 16-62

（10）执行"滤镜→模糊→高斯模糊"菜单命令，为合并的图层添加"高斯模糊"滤镜，如图 16-63 所示。

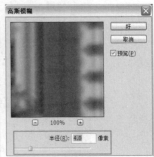

图 16-63

（11）调整合并图层的模式为"柔光"模式，设置"不透明度"为 40%，如图 16-64 所示。

（12）完成图像的处理后，将图像另存为 JPG 格式，如图 16-65 所示。

图 16-64

图 16-65

（13）采用相同的方法完成另外一个角度效果图的处理，如图 16-66 所示。

图 16-66

16.5 课堂练习——会议室建模案例

练习知识要点：创建室内空间，并为其添加室内家具，如图 16-67 所示。

效果所在位置：光盘 > 第 16 章 > 课堂练习——会议室建模案例。

图 16-67

16.6 课后习题——办公室建模案例

习题知识要点：创建室内空间，并为其添加室内家具，如图 16-68 所示。

效果所在位置：光盘 > 第 16 章 > 课后习题——办公室建模案例。

图 16-68

附录 A 常用 SketchUp 快捷键一览表

SketchUp 常用命令		快捷键	图 标	菜单位置
"标准"工具栏	新建文件	Ctrl+N		文件(F) →新建(N)
	打开文件	Ctrl+O		文件(F) →打开(O)...
	保存文件	Ctrl+S		文件(F) →保存(S)
	剪切	Ctrl+X		编辑(E) →剪切(T)
	复制	Ctrl+C		编辑(E) →复制(C)
	粘贴	Ctrl+V		编辑(E) →粘贴(P)
	删除	Delete		编辑(E) →删除(D)
	撤销	Ctrl+Z		编辑(E) →撤销
	重复	Ctrl+T		编辑(E)→放弃选择(T)
	打印	Ctrl+P		文件(F)→打印(P)...
	用户设置	—		窗口(W)→场景信息
"常用"工具栏	选择	空格键		工具(T)→选择(S)
	1 增加选择	激活后按住 Ctrl		—
	2 交替选择	激活后按住 Shift		—
	3 减少选择	激活后按住 Ctrl+Shift		—
	4 全选	Ctrl+A	—	编辑(E) →全选(S)
	制作组件	Alt+O		编辑(E)→制作组件(M)
	材质	X		窗口(W)→材质浏览器
	1 邻接填充	激活后按住 Ctrl		—
	2 替换填充	激活后按住 Shift		—
	3 邻接替换	激活后按住 Ctrl+Shift		—
	4 提取材质	激活后按住 Alt		—
	删除	E		工具(T) →删除(E)
	1 隐藏边线	激活后按住 Shift		
	2 柔化边线	激活后按住 Ctrl		
	3 边线柔化	Ctrl+O		窗口(W)→边线柔化

SketchUp 常用命令		快捷键	图 标	菜单位置
"绘图"工具栏	矩形	B		绘图(R)→矩形(R)
	线	L		绘图(R)→直线(L)
	1　锁定参考	激活后按住 Shift		
	圆	C		绘图(R)→圆形(C)
	圆弧	A		绘图(R)→圆弧(A)
	多边形	Alt+P		绘图(R)→多边形(G)
	徒手画笔	Alt+F		绘图(R)→徒手画(F)
"编辑"工具栏	移动/复制	M		工具(T)→移动(V)
	1　复制	激活后按住 Ctrl		
	2　参考捕捉	激活后按住 Shift		
	3　强制拉伸	激活后按住 Alt		
	推/拉	U		工具(T)→推→拉(P)
	1　强制推/拉	激活后按住 Alt		
	2　推/拉复制	激活后按住 Ctrl		
	旋转	R		工具(T)→旋转(T)
	路径跟随	D		工具(T)→路径跟随(F)
	缩放	S		
	1　中心缩放	激活后按住 Ctrl		
	2　等比/非等比缩放	激活后按住 Shift		工具(T)→缩放
	3　中心等比/中心非等比缩放	激活后按住 Ctrl+Shift		
	偏移复制	F		工具(T)→偏移(O)
"构造"工具栏	测量	Q		工具(T)→辅助测量线(M)
	1　删除所有辅助线	Ctrl+Q	—	编辑(E)→删除辅助线(G)
	尺寸标注	—		工具(T)→尺寸标注(D)
	量角器	P		工具(T)→辅助量角线(O)
	文本标注	—		工具(T)→文字(T)
	坐标轴	Y		工具(T)→设置坐标轴(X)
	1　显示/隐藏坐标轴	Alt+Y	—	查看(V)→坐标轴(A)
	3D 文字	Alt+ Shift+T		工具(T)→3D 文字

续表

SketchUp 常用命令		快捷键	图 标	菜单位置
"相机"工具栏	转动	鼠标中键		相机(C)→转动(O)
	平移	Shift+鼠标中键		相机(C)→平移(P)
	实时缩放	Alt+Z		相机(C)→实时缩放
	窗口缩放	Z Ctrl+Shift+W		相机(C)→窗口(W)
	上一视图	—		相机(C)→上一视图(R)
	下一视图	—		相机(C)→下一视图(X)
	充满视窗	Shift+Z Ctrl+Shift+E		相机(C)→充满视窗(E)
"漫游"工具栏	相机位置	Alt+C		相机(C)→配置相机(M)
	漫游	W		相机(C)→漫游(W)
	1 水平/垂直移动	激活后按住 Shift		
	2 奔跑	激活后按住 Ctrl		
	绕轴旋转	Alt+X		相机(C)→绕轴旋转(T)
"视图"工具栏	顶视图	F2		相机(C)→标准视图(S) →顶视图(T)
	前视图	F3		相机(C)→标准视图(S) →前视图(F)
	左视图	F4		相机(C)→标准视图(S) →左视图(L)
	右视图	F5		相机(C)→标准视图(S) →右视图(R)
	后视图	F6		相机(C)→标准视图(S) →后视图(B)
	底视图	F7	——	相机(C)→标准视图(S) →底视图(O)
	等角透视	F8		相机(C)→标准视图(S) →等角透视(I)
	透视显示	V	——	相机(C)→透视显示(E)
"风格"工具栏	X 光模式	T		查看(V)→表面类型→X 光模式
	背面边线	—		查看(V)→边线类型→背面边线

SketchUp 常用命令		快捷键	图 标	菜单位置
"风格"工具栏	线框	Alt+1		查看(V)→表面类型→线框显示
	消隐	Alt+2		查看(V)→表面类型→消隐
	着色	Alt+3		查看(V)→表面类型→着色
	材质贴图	Alt+4		查看(V)→表面类型→贴图
	单色	Alt+5		查看(V)→表面类型→单色
	打开风格栏	Shift+0	—	窗口(W)→风格
	显示/隐藏延长线	Shift+1	—	查看(V)→边线类型→延长线
"剖面"工具栏	添加剖面	—		工具(T)→剖切平面(N)
	显示/隐藏剖切	\		查看(V)→显示剖切
	显示/隐藏剖面	Alt+\		查看(V)→显示剖面
	导出二维剖切	Ctrl+1	—	文件(F)→导出(E)→二维剖切...
阴影	阴影设置	Shift+S		窗口(W)→阴影 (D)...
	显示/隐藏阴影	Alt+S		查看(V)→阴影
导出与导入	导出二维剖切	Ctrl+1	—	文件(F)→导出(E)→二维剖切...
	导出图像	Ctrl+2	—	文件(F)→导出(E)→图像(R)...
	导出 3D 模型	Ctrl+3	—	文件(F)→导出(E)→3D 模型(M)...
	导出动画	Ctrl+4	—	文件(F)→导出(E)→动画...
页面与动画	打开页面管理器	Shift+N	页面　　　　✕	窗口(W)→页面管理
	添加页面	Alt+A	—	查看(V)→动画→添加页面(A)...
	更新页面	Alt+U	—	查看(V)→动画→更新页面(U)
	删除页面(D)	Alt+D	—	查看(V)→动画→删除页面(D)
	查看上一个页面	PageUp	—	查看(V)→动画→上一页(P)
	查看下一个页面	PageDown	—	查看(V)→动画→下一页(N)

续表

SketchUp 常用命令		快捷键	图　标	菜单位置
页面与动画	设置动画演示	Shift+T	—	查看(V)→ 动画→演示设置(T)
	播放动画	Alt+空格键	—	查看(V)→页面→播放 S)
群组与组件	创建群组	G	—	编辑(E)→创建群组(G)
	制作组件	Alt+O		编辑(E)→制作组件(M)
	关闭（退出）群组→组件	Shift+O	—	编辑(E)→关闭群组→组件
	打开组件对话框	O	组件 ✕	窗口(W)→组件(C)
	显示/隐藏剩余模型	I	—	查看(V)→编辑组件→隐藏剩余模型
	显示/隐藏相似组件	J	—	查看(V)→编辑组件→隐藏相似组件
打开显示/隐藏	显示全部	Shift+A	—	编辑(E)→显示→全部
	显示上一次	Shift+L	—	编辑(E)→显示→上一次
	系统设置/参数设置	Shift+P	—	窗口(W)→参数设置
	打开风格栏	Shift+0	风格 ✕	窗口(W)→风格
	打开页面管理器	Shift+N	页面 ✕	窗口(W)→页面管理
	打开材质浏览器	X	材质 ✕	窗口(W)→材质
	打开图元信息	Shift+F2	图元信息 ✕	窗口(W)→图元信息
	打开图层管理器	Shift+E	图层 ✕	窗口(W)→图层(L)
	显示/隐藏延长线	Shift+1	—	查看(V)→绘图表现→延长线
	显示/隐藏剩余模型	I	—	查看(V)→编辑组件→隐藏剩余模型
	显示/隐藏相似组件	J	—	查看(V)→编辑组件→隐藏相似组件
	显示/隐藏阴影	Alt+S		查看(V)→阴影
	虚显/隐藏被隐藏物体	Alt+H	—	查看(V)→虚显隐藏物体(H)
	显示/隐藏坐标轴	Alt+Y	—	查看(V)→坐标轴(A)
	隐藏所选实体	H	—	编辑(E)→隐藏(H)

■ 概念规划——某住宅小区规划（一）

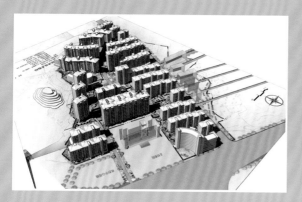

■ 概念规划——某住宅小区规划（二）

■ 课堂练习——某中学学校规划（一）

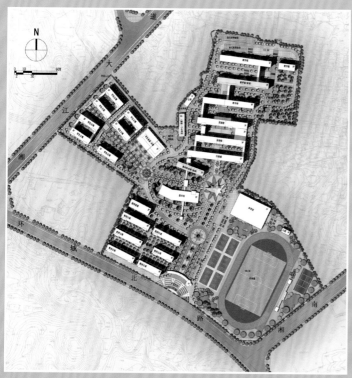

■ 课堂练习——某中学学校规划（二）

■ 建模实例——欧式小高层住宅（一）

■ 建模实例——欧式小高层住宅（二）

■ 课堂练习——高层住宅楼建模案例

■ 课后习题——别墅建模案例